物理的妙趣

〔俄〕贝列里门 著

左鹏 编译

全国百佳图书出版单位

时代出版传媒股份有限公司

安徽人民出版社

图书在版编目(CIP)数据

物理的妙趣/(俄罗斯)贝列里门著;左鹏编译.—合肥:安徽人民出版社,2016.12

(世界科普经典读库)

ISBN 978-7-212-09457-7

I.①物… Ⅱ.①贝…②左… Ⅲ.①物理学—青少年读物 Ⅳ.①O4-49

中国版本图书馆 CIP 数据核字(2016)第 302632 号

物理的妙趣

WULI DE MIAOQU

[俄]贝列里门 著 左 鹏 编译

出 版 人:徐 敏	出版策划:朱寒冬	责任编辑:李 莉 项 清
出版统筹:徐佩和 黄 刚	责任印制:董 亮	装帧设计:程 慧
李 莉 张 旻		

出版发行:时代出版传媒股份有限公司 http://www.press-mart.com

安徽人民出版社 http://www.ahpeople.com

地　　址:合肥市政务文化新区翡翠路 1118 号出版传媒广场八楼　邮编:230071

电　　话:0551-63533258　0551-63533259(传真)

印　　刷:合肥创新印务有限公司

开本:710mm×1010mm　　1/16　　印张:17　　字数:320 千

版次:2016 年 12 月第 1 版　　2018 年 12 月第 4 次印刷

ISBN 978-7-212-09457-7　　　　定价:30.00 元

目录

一、速度与运动

1. 追踪时间

早上8点,自远东的海参崴起飞,能否在同一天早上8点到达莫斯科呢?

有人会说:"别开玩笑!"其实,答案是肯定的。为什么呢? 因为海参崴和莫斯科有9小时的时差。换言之,只要飞机能用9小时从海参崴飞到莫斯科,就会发生这样的趣事。海参崴和莫斯科两个城市的距离约为9000千米,以9000千米除以9等于1000千米得时速为1000千米,只要用喷气式飞机,就可实现预期的目标。

在北极圈内,你甚至可以用比上述更慢的速度来和太阳(应该说是地球自转的速度)竞争。就拿位于北纬77度的新地岛(Nouaya Zemlya)为例,时速约450千米的飞机,凭借地球的自转,仅仅在地球表面作一点轻微的移动,就能和太阳在同一时间中飞行了。这时,机舱内旅客眼中的太阳就会静止在空中纹丝不动,而且始终不会没入西方。(当然,飞机必须保持同太阳一致的方向飞行)

月球也围绕地球公转,如果想"追逐月球",就更简单了。因为月球是以地球自转角速度的1/29来绕着地球运动的,所以你无须跑到极地,只要到地球中纬度的地方,用时速25~30千米的汽船,便可与月球同步了。

美国作家马克·吐温在他的著作《欧洲见闻录——庄稼汉外游记》中曾就这一点作过简略的描述。在他从纽约至亚速尔群岛的航程中,有如下的一段记载:"此刻正值炎夏,夜晚的天气比白昼清凉……这时,我发现了一个奇妙的现象,就是在每晚同一时间、同一地点,只要你仰望夜空,都可望见一轮满月。这轮月亮为何如此怪异呢?起初,我左思右想都不得其解。最后,我终于发现了原因的所在。因为船在海上由西向东航行,平均每小时在经线上前进 20 分,换句话说,轮船和月亮正以相等的速度朝着同一方向同时前进。"

2. 千分之一秒

对人类世界来说,千分之一秒短暂得近乎于零,而在日常生活中,真正面对千分之一秒这么短的时间也是最近的事。古人多半利用太阳的高度或影子的长度来测定时间,他们绝对没想到,今人竟能准确地测定出"分"。过去,古人认为"分的测定"毫无价值,他们认为"分"是极小的时间单位,对他们闲适的生活而言,根本无足轻重。当时的计时器(日晷、水钟、沙漏)上,还没有分的刻度。直到 18 世纪,钟表的刻度盘上才出现了分钟。至于秒针的出现,那已经是 19 世纪以后的事了。

究竟在千分之一秒中能发生些什么事呢?你可能觉得千分之一秒太短了,根本谈不上发生什么事。其实,在短短的千分之一秒中,能发生的事太多了。火车大约可前进 3 厘米,声音可前进 33 厘米,而飞机竟能前进 50 厘米,地球在公转轨道上大约可移动 30 米,光线能前进 300 千米……

对生活在人类身边的小动物而言,千分之一秒并不算很短的时间,尤其是昆虫。以蚊子为例,在一秒钟内,它的翅膀即可振动 500~600 次,也就是说,蚊子翅膀的上下振动一次就是千分之一秒。

但是,人类不比昆虫,无法使身体的局部作如此快速的运动。对人类来说,最快的动作就是眨眼,因此,人以"瞬间"或"一瞬"来形容时间的短暂。由于眨眼的动作极快,所以在眨眼的瞬间,人类的视线不会受影响。眨眼虽被人类视作极快的运动,但如果以千分之一秒为单位来衡量的话,眨眼运动就显得十分缓慢了。通过准确的测定得知,眨一次眼睛平均约需 2/5 秒,也就是千分之四百秒。现在将眨眼的动作依发生顺序分解如下:首先,眼皮垂下(0.075~0.09 秒);接着,眼皮下垂终止(0.13~0.17 秒);最后,眼皮往上抬(约 0.17 秒)。由此可见,尽管只有

"一瞬",实际上,眼皮还是有相当充裕的休息时间。如果我们想对千分之一秒有个明确的印象,不妨以眼皮下垂终止的时间为依据,就能明白眼皮上抬、下垂这两种运动的速度,从而准确地了解"瞬间"的概念。

假若人类的眼睛能分辨出千分之一秒的时间,我们周围的世界中,许多原本被忽视的景象,就会重新映入我们眼帘了。那时我们所能观察到的奇妙景象,在英国作家威尔斯的短篇作品《最初的加速剂》中就有非常细致的描述。小说中的主人公喝下了一种奇妙的药,这种药会对神经系统产生作用,使感觉器官变得异常灵敏,能感觉到高速运行中的种种现象。

现将小说中的一段节录如下:

"你见过这样的窗帘吗?"

我看着窗帘,发现窗帘就像被冻结似的一动也不动,只有末端由于风吹的缘故,保持着扭曲的状态。

"没看过,我头一回看到,真奇妙!"我回答。

"那么,这个呢?"吉贝恩先生说着,随手拿起茶杯,然后把手放开。

原本以为茶杯会迅速地掉到地上,支离破碎,没想到茶杯却丝毫不受影响。吉贝恩先生便问我,茶杯是否还悬浮在空中。

"当然,也许你知道,物体落向地面时,最初的一秒会落下5米。现在,茶杯也是以每秒5米的速度往下落,但你知道吗?茶杯落到地上所需的时间还不到百分之一秒。因此,我所谓的'加速剂'究竟有何种效用,现在你该明白了吧!"

吉贝恩先生慢慢伸出手时,我看见茶杯缓缓下落,他的手指也随着茶杯下移。

我再将目光移向窗外,看见骑自行车的人一动都不动,好像被冻住一般,就连扬起的尘土也一动不动地尾随着自行车。同样,马车也静止了……我又将注意力转向静如磐石的马车,发现无论是车轮上端、马蹄、马鞭前端还是骑马者打哈欠的动作,都显得特别缓慢。除了这难看的交通工具之外,一切景象都很"安静",更令人惊奇的是车里的乘客竟变成了"雕像"。

……

有一个男人逆风而行，试图折叠手中的报纸，可是，他的动作看起来相当吃力，而且出奇的迟缓，好像一点风都没有似的。

当"加速剂"渗透到我体内时，我所看见的事物，对其他人或整个宇宙而言，只是转瞬之间的事而已。

利用现代的科学方法，究竟能测定多短的时间呢？相信读者都急切地想知道。在20世纪初期，顶多只能测出万分之一秒。目前，物理学家在研究室中已经能将时间测至千亿分之一秒。如果说得具体一些的话，千亿分之一秒的意思就是："若将1秒看作3000年，那么，千亿分之一秒就是我们现在所认识的一秒。"

3. 时间放大镜

威尔斯在写《最初的加速剂》这本书时，相信他一定没有料到，类似的情况已经实现了好几项！不过，在那个时代，威尔斯能凭着自己的观察和想象编写那些离奇的故事，实在不是一件容易的事。下面我们就来介绍他所说的"时间放大镜"。

他所谓的"时间放大镜"是指一种特殊的摄影机，这种摄影机在拍摄时可把拍摄速度加快，每秒可比一般摄影机多拍出4倍的底片，因此，如果一般摄影机为24格的话，它就可用96格的速度拍摄，当放映时，画面上的动作就会比一般的速度慢上4倍。

此外它还可以利用同样的原理拍摄另一种镜头——Slow motion video——这种镜头的画面同样是慢动作，只不过它是把每2~5格的画面反复拍摄，让画面看起来有一种固定的效果，这和威尔斯所描述的景象已是大同小异了。

4. 在太阳系中，人什么时候的运动速度较快

巴黎某报纸曾登载过一则广告，内容是："只要你寄出25生丁（Centime，法国及瑞士的钱币单位，100生丁相当于1法郎），你就可到星际去旅行。"

有位老实人一看到这则广告，立刻寄去了25生丁，结果他收到了这

样的一封回信：

> 请你静静地躺在床上，脑中想象着地球自转的情形，按巴黎的
> 纬度（北纬49度），你一昼夜可走2.5万千米以上，好好地享受吧！
> 如果还想观赏风景，那就拉开窗帘，你可以看到物换星移的奇妙
> 景象。

这位刊登广告的人显然是个骗子，最后，他被控以欺诈罪，罚款了
事。被判刑的时候，他还用幽默的语气引用伽利略的名言说："可是，地
球确实在转动啊！"

从另一个角度来看，被告说得也挺有道理的啊！生活在地球上的
人，的确是随时都在作"星际旅行"。

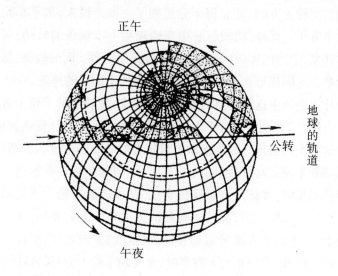

图1　在夜晚一侧的人绕行太阳的速度比白昼一侧的人快

地球一面绕着太阳公转，一面又以每秒30千米的速度自转，这是众
所周知的事。

这里还有一个问题不知各位是否想过，那就是地球究竟是白天转得
快，还是晚上转得快呢？两种运动一起作用的结果，会因我们身处于地
球的迎光面或背光面的不同而有所不同。由图1可知，地球在半夜的运
动速度等于自转速度加公转速度；中午则恰巧相反，要从公转速度中减
掉自转速度。换言之，人在太阳系中运动的速度，半夜要比中午快。

赤道上的各点，以每秒 0.5 千米的速度自转，因此，赤道上中午和半夜的速度差为 0.5×2 千米/秒 = 1（千米/秒）。凡是学过几何的人都知道，在北纬 60 度的圣彼得堡，昼夜的速度差为 1 千米/秒的一半，也就是 0.5 千米/秒，这是很容易就能算出来的。就是说，住在圣彼得堡的人，在太阳系中的运动速度，半夜比中午每秒快 0.5 千米。

5. 车轮的谜

在货车的车轮（或自行车的轮胎）上贴上彩色纸，然后转动车轮，你会发现一个奇特的现象。彩色纸在车轮下方时，看起来相当清晰，当彩色纸跑到车轮上方时，就显得十分模糊了。如此说来，似乎车轮上方转动得比下方快。此外，比较行驶中车辆轮胎上下辐条的转动，可观察到相同的现象，上方的辐条好像紧贴在一起似的，而下面的辐条，每支都看得很清楚。这同样给人一种车轮上面转得比下面快的感觉。

为什么会产生这种奇特的现象呢？原来，旋转中的车轮上方确实转得比下方快。乍看之下，也许你会说："不可能吧！"但只要认真思考，就能明白这其中的道理。因为滚动中车轮上的各点同时进行着两种运动，一方面随着车轮运动而旋转，另一方面，则随着车轮向前行进。与前述地球的运动相同，都是两种运动的合成，结果造成车轮上下运动的情形不完全相同。车轮上方，旋转运动和前进运动的方向相同，所以得加上前进运动，但车轮下方旋转运动和前进运动的方向相反，所以必须减去前进运动。因此，当静止的人观察时，会发现车轮上方转动得比下方快。

如果想了解实际的情形，只要做个简单的实验就可以了。如图 2 所示，在静止的货车旁边的地上竖立一根木棒，使木棒与车轮轮轴一致，然后在车轮的最上面和最下面用粉笔或彩色墨水笔做上记号，且与木棒重叠。然后，开始转动车轮，让车轮向右方滚动。在车轴距离木棒 20～30 厘米时，我们不妨观察记号移动的情形，这时你就会发现 A 点与木棒的距离较 B 点与木棒的距离大。

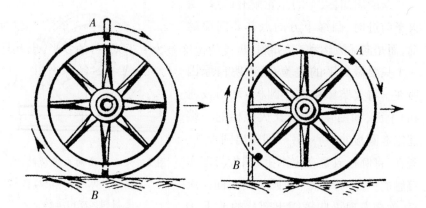

图 2　车轮滚动时,比较 A 点、B 点与木棒的距离,可知车轮上方的
　　　旋转比下方更快

6. 车轮最慢的部分

从上述实验可知,转动中车轮上的每一点并不是以相同的速度运动。然而车轮转动最慢的是哪一部分呢? 只需稍加思索便知道车轮与地面接触的地方转动得最慢。严格地说,车轮与地面刚接触的那一点是完全静止的。

直到目前为止,我们都是就地上滚动的车辆进行说明。倘若以飞轮为例,会不会有上述的现象呢? 飞轮只有旋转运动,飞轮上的各点都以同样的速度运动,就没有所谓最慢的部分了。

7. 难题

在此顺便提出另一难度相同而有趣的问题。从圣彼得堡开往莫斯科的火车,就铁轨而言,是否也存在由莫斯科返回圣彼得堡的动点呢?

从上述实验得知,每一个车轮上都有这种点存在,但这种点究竟位于哪一部分呢?

众所周知,火车的车轮附有凸缘,当火车前进时,凸缘下方的点并非向前运动,而是向后方运动。(如图3)

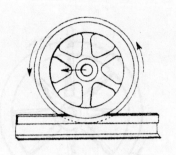

图3　火车车轮向左滚动时,凸缘部分就向右运动,也就是朝相反方向运动

只要做如下的实验,就可明白原因所在。将火柴棒粘在小圆板(硬币或纽扣)上面,如图4所示,让火柴棒的一端固定在圆板的中心,另一端露出圆板外。现在,将圆板放置在定木上,圆板与定木接触的一点为C点。使圆板由右向左滚动,你会发现火柴棒露出部分的F,E,D各点并没有前进,而是向后退。火柴棒上距离圆板边缘越远的点,当圆板滚动时,后退的距离就越大。例如:D点移动到D′点。

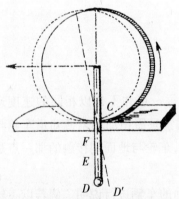

图4　圆板向左滚动时,火柴棒露出圆板部分的F, E, D各点就朝反方向的右边移动

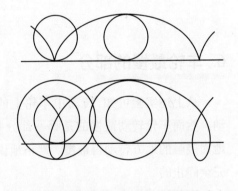

图5　上:车轮上与地接触的点所描绘的曲线(摆线)
下:汽车车轮凸缘部分的点(最下面的点)所描绘的曲线(余摆线)

火车车轮凸缘部分的各点,也作与上述实验相同的运动,也就是和火柴棒露出部分的运动相同。现在,假如有人问你:火车车轮上有没有"只向后而不向前的东西"时,你就不必大惊小怪了,但是,这种运动的发生是极短暂的。图3与图5都是有关这种现象的最佳说明。

8. 小船来自何方

有一艘小船在湖面上行进,图6的箭头 a 表示小船行进的速度与方向。现在,有一艘游艇将穿过小船的行进路线,箭头 b 则表示游艇的方向与速度。假如有人问你:"游艇来自何方?"相信大多数的读者都会回答:"游艇来自对岸的 M 点。"但是,坐在小船上的人,则会指出另一个地方,为什么呢?

因为坐在小船上的人,并不认为游艇是对准小船的航行路线成直角前进的。小船上的人与游艇是成直角移动,他们会认为自己的船并没有动,而周围的一切景物则以和小船同样的速度向船上的人靠近。因此,游艇不仅朝箭头 b 的方向运动,同时也朝着虚线箭头 a 的方向运动(图7),游艇的这两种运动正好和两艘船的出发点构成一个平行四边形。可是,小船上的人的眼中的游艇,却似乎沿着以 a、b 为两边的平行四边形的对角线前进。所以他们觉得游艇并非从对岸的 M 点出发,而是来自 N

图 6 行驶的小船与游艇

点。(图7)

在公转轨道上运动的地球上的人,往往和小船上的人犯相同的错误。小船上的人会看错游艇出发的地点,地球上的人也是一样,无法准确地判断出星星的位置。一般人眼中星星的位置是在地球运动方向上的稍前方。当然,地球公转的速度远远小于光速,只有光速的一万分之一,因此,人眼中星星的位置和星星的实际位置的差异只有一丁点儿。这种微小的差异可利用天文望远镜来观察。

如果读者对类似的问题有兴趣,那么保持前述小船问题的条件不变,回答下列几个问题:

(1)从乘坐游艇的人的角度来看,小船是朝哪个方向行驶?

(2)从乘坐游艇的人的角度来看,小船将向什么地点前进?

也就是说,在回答问题时,必须以箭头 a 为基础,画出速度的平行四边形。(图7)由平行四边形的对角线就可知道,游艇上的人的眼中的小船是以斜方向前进,驶向游艇出发的岸边。

图7 小船上的人看到的游艇的行驶情况

二、重力、重量、杠杆、压力

1. 站起来

假如有人说："有一种坐法，无须捆绑，能使人无法从椅子上站起来。"相信一定会有人反驳说："别开玩笑了！"

闲话少说，我们还是实践一下。如图8找一张和膝盖等高的椅子坐下来，上半身保持竖直，双脚也竖直着地，保持静止，坐好以后，试着站起来。怎么样？站不起来吧！身体和脚都不能向前后移动哦！无论你使多大的劲，都没有办法站起来，但是，只要你将双脚缩入椅下或将上半身向前倾斜，就能轻易地从椅子上站起来了。

在说明理由之前，我先就物体的平衡问题，尤其是人自身的平衡作一番说明。凡是直立的物体，只要物体

图8　这种坐姿使你无法从椅子上站起来

的重力作用线通过物体的底部，这物体就不可能倒下去，反之，则会倒下。如图9所示，这种倾斜的圆筒必定会倒下。但是，如果圆筒很粗大，重力作用线能通过底面，它就不会倾倒。像意大利著名的比萨斜塔、波隆那的斜塔以及苏俄亚陆塞路里斯克的"斜钟楼"等，看起来都是倾斜的，但由于重力作用线并没有跑出底部，所以不会倒下。（地基深入地底，也是它们不会倒下的原因）

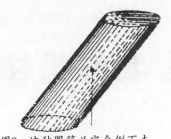

图9 这种圆筒必定会倒下去，因为圆筒的重力作用线跑出了圆筒底部

图10 比萨斜塔

图11 一个人站立时，重力作用线必定得通过的范围

如果人的重力作用线通过双脚底部所包围的区域内时，他就不会倾倒。（图11）如果用单脚或脚跟站立，就会显得特别困难，这是因为底面积太小，重力作用线很容易跑到底面积之外的缘故。

上了年纪的船夫，走路的方式和一般人不太一样，关于这一点，读者大概很清楚。船夫长年累月在船上，由于船在水上晃动，身体的重力作用线往往会跑到双脚所包围的区域之外。为了在摇摆不定的船上工作，船夫将身体的面积放大，也就是张开两脚，久而久之，习惯成自然，即使在陆地上，船夫仍以扩大底面积的方式走路。假若船夫在船上不张开双脚，扩大底面积，他就会因船的晃动而摔倒。

另一个例子，也可以保持身体的平衡，但体态、姿势显得十分美妙，与上述的例子恰巧相反。大家都知道，将物体顶在头上的人，身体的各部分都会比较匀称。世界雕像名作《顶水缸的少女》，就是将水缸放在头上搬运，少女的头部和身体保持同一直线，挺起胸部，伸直腰杆。假如她的上半身向前倾斜，重心必定随之下移，她的重力作用线就会移到底面积之外，一旦身体的平衡被打破，雕像也就不再平衡，就会倒下去了。

现在来说明从坐椅上站起来这个实验。坐在椅子上的人,重心位于肚脐上约20厘米的脊椎附近,这时,重力作用线恰巧通过脚跟的后面,所以,如果要从椅子上站起来,只有上身向前倾或脚向后移才可以,否则,是站不起来的。

2. 步行和跑步

假如有个动作你每天得做好几万次,相信你一定不会对这个动作感到陌生吧?就拿走路或跑步来说吧,这是每个人都很熟悉的动作。但是,在步行和跑步时,我们身体的动作如何呢?两种运动的差异又在哪里呢?真正能说清楚或了解的人就非常少了。在生理学上,对步行和跑步有什么样的看法呢?以下的引文部分,出自波尔·贝扬教授的著作《动物学讲义》,图片是本人另行添加的。

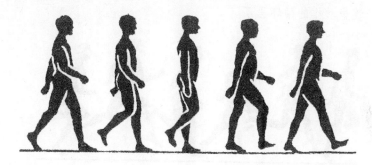

图12 步行时脚部的动作

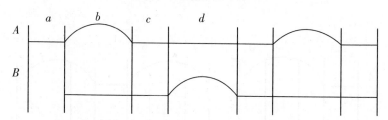

图13 步行时脚步动作的分解图

A表示右脚,B表示左脚。直线表示脚踏着地面。在a时间内,双脚都踏着地面;在b时间内,右脚离地,左脚踏着地面

　　一个人假定只用一只脚,例如用右脚站立,当左脚稍微抬起的时候,上身便会向前倾斜。这时,步行者用脚踏着地面,地面除了承受步行者本身的体重外,还要加上约200牛(力的单位)的压力。因此,步行者对地面的压力要比站立者大多了。采取这种姿势时,重力作用线自然会超出支撑身体的脚板之外,所以身体会向前倒下。但就在倒下的刹那间,在空中的左脚自然会向前伸,而原先通过前面地上的重力作用线就会因左脚的踏地通过双脚所包围的区域。这样一来,身体的平衡恢复正常,人也因此向前迈进一步,然后再一步一步地走下去。

　　一个人如果用这种姿势站立,会十分疲劳。但想要前进,则必须使上身向前倾,将重力作用线移到支撑区域外,在即将倒下的刹那,立刻向前伸出右脚。我们的步行,其实就是这些动作的循环。因此,步行就是在上身前倾的同时,将后脚伸出踏地而支撑身体等一连串动作的循环罢了。

图14　跑步时脚部的动作

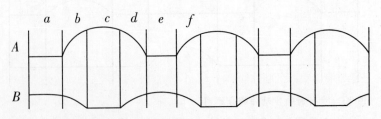

图15　跑步时脚部动作的分解图

A为右脚,B为左脚。b、d、f指双脚着地时的一刹那

我们再认真讨论步行的动作,假定在左脚向前踏出的一刹那,右脚尚未离地,这种步伐相当小。由于右脚跟抬高,身体向前倾斜,所以身体的平衡被打破。如果左脚跟触地,则表示左脚板完全踩在地上,这时,右脚就会完全浮在空中,同时,将膝盖稍微弯的左脚,收缩第三大脚肌而伸直,左脚便与地面成垂直状态。至于右脚,仍然保持膝盖弯曲,以不碰地的状态向前移动,一面配合身体的移动,接下去的一步就是脚跟着地。接着,左脚也开始做同一连续动作,当脚尖触地后就抬向空中。

跑步的动作和步行不同,不同之处在于:脚着地时脚肌肉会积极收缩,造成脚伸得挺直,从而促使身体向前运动。身体会在刹那间完全离开地面,就在我们身体浮在空中的同时,另一脚会向前伸出,完成再一次的触地。由此可知,跑步就是由一只脚到另一只脚的连续跳跃运动所形成的。

3. 如何从疾驶的车中跳下来

一旦面对这种问题,相信大多数的人都会回答:"与行驶方向相同,朝前方跳下,才符合惯性定律。"如果有人又问:"惯性定律是什么? 怎么说它和惯性定律相符合呢?"回答者于是会滔滔不绝地解释自己的说法正确,但往往只说到一半就说不下去了,因为依照惯性定律,理应向相反方向,也就是向行进方向的后方跳下。

事实上,惯性定律并非主要的原因。现在,就向后跳进行讨论。

假定在疾驶的车中,你被迫跳下时,将会发生些什么事情呢?

从疾驶的车中跳下后,在我们身体离开车子的同时,身体会和车子以相同的速度向前方运动(符合惯性定律)。如果向前方跳车,非但速度不减少,反而还得加上跳车时的速度。

因此,应该与行进方向相反,也就是向后方跳车。由于向后方跳车,依照惯性定律,身体前进的速度必须减去跳下的速度,着地后,身体跌倒的力量就会变得较小。

通常自疾驶的车中跳下时,多半朝行进方向,也就是向前方跳车。这种事实是根据许多经验的累积而得出来的,也是最好的跳车方法。

读者千万不可冒险,试图从疾驶的车中朝后方跳下,这种做法十分危险。读者可能会奇怪,为什么会产生这种矛盾现象呢?其实,这是因为说明的错误与不足造成的。无论我们向前方还是向后方跳车,都有跌倒的危险性存在。脚着地后固然会停止运动,但上身仍在继续运动。当向前跳车时,上身的运动速度要比向后跳车的速度大,然而,身体向前倒下却比向后倒下时更安全。因为在向前扑倒时,一只脚会机械性地向前迈出或走几步(车辆行驶速度快时),便可以此防止扑倒。前面已经说明过,从力学的角度出发,步行时身体原本就会向前倾倒,为了防止扑倒,所以脚才向前迈出一步。但是,当人向后倒下时,并没有这种脚的运动来防止跌倒,所以危险性就大多了。还有,就是向前扑倒时还可用双手着地来降低速度,因此,扑倒比仰倒更能降低受伤的可能性。

由此可知,自疾驶车辆中向前跳下才安全的理由并不是惯性定律作用的结果,而是人本身的因素作用的结果。一般物体就不能与人相比,这是十分清楚的。所以从疾驶的车辆中扔出瓶子时,向前丢出要比向后丢出更容易破碎。如果基于某种理由,你带行李必须跳车时,你可将行李先向后方投出,然后自己向前方跳下。

如果是经验丰富的人,则习惯使身体向前倾的同时向后跳车。这是依惯性定律做的既可以减慢身体的速度,又可防止后仰式跌倒。因为身体前倾与向后倒的力量相抵消,所以只要能着地,就可避免受伤。

4. 用双手抓枪弹

在第二次世界大战期间,法国有位飞行员创下了一项空前的纪录。当这位飞行员驾驶飞机在 2000 米高空中飞行时,他感觉到脸旁有某种小物体在移动,他原以为是小虫子,便顺手一抓,抓住后仔细一看,令他大惊失色,因为他抓住的竟是德军发射的小枪弹。

其实,这种事情并非完全不可能发生。因为小枪弹发射的初速度为每秒 800~900 米,但这种初速度并不是一直持续下去的。枪弹在飞行中,会因空气的阻力而减慢速度,到了小枪弹射程距离的最后,每秒的速度只有 40 米,和飞机飞行的速度恰巧相同。道理非常浅显,因为枪弹和飞机以相同速度飞行,所以,枪弹对飞机,也就是对飞行员来说,便可视为静止或以极缓慢的速度飞行,用手去抓枪弹就是易如反掌的事了。但是,从空气中飞过来的小枪弹,由于摩擦生热的缘故,会变得十分烫手,如果不戴手套去抓,我确信必定会造成烫伤。

5. 西瓜炸弹

只要条件充分,发射的小枪弹就毫无危险性,但也有些情形则正好相反。例如以缓慢的速度抛出去的安全物体,却往往导致意想不到的破坏作用。1924 年在苏俄的圣彼得堡到吉福里斯间举行的车赛中就发生了这样的悲剧。当车辆经过高加索地带的村落时,农民们便抛出西瓜或苹果等水果表示欢迎,没想到这些朴实的农民所抛送的礼物却导致了意想不到的灾害。不幸被西瓜击中的汽车车体或凹陷,或损坏,甚至赛车选手也因被苹果打中而身负重伤。原因很明显,由于抛送的西瓜和苹果本身已有相当的速度,再加上汽车前进的速度,便具有极大的破坏力,而变成危险的"炸弹"。只要进行简单的计算就能明白,重量 10 克的小枪弹与投向以时速 120 千米疾驶车辆的 4 千克西瓜,具有相同的运动能量。

图 16　向疾驶汽车抛送西瓜(炸弹)

当然,被抛送出的西瓜的贯穿力不能与小枪弹相提并论,理由是西瓜不如小枪弹坚硬。

在平流层(同温层)以时速 3000 千米,也就是以小枪弹的速度飞行的超音速飞机,也可能遭遇上述相同的情况。对飞机而言,偶然冲入飞行方向的物体，就相当于具有破坏力的小枪弹。一旦碰到其他飞机掉落的小枪弹从前方飞过来，严重的程度就相当于被机关枪击中。掉落的小枪弹成为机关枪子弹，以与碰触地面停歇的飞机相同的力量击中飞机。由于两者飞行速度相同（飞机和枪弹均以每秒 800 米的速度互相接近），所以撞击后所造成的破坏作用也相同。

相反，倘若枪弹从后面追逐与其同速度飞行的飞机，由前面的例子可知，枪弹对驾驶员不会构成伤害。因为以同速度向同一方向前进的两个物体，两者的接触不会造成冲击。1935 年，苏俄的技术人员波尔西列夫就利用这种奇特的原理，使由 36 节车厢组成的疾驰列车化险为夷。事情发生在南俄的艾里门科夫站与奥里桑卡站之间，具体情形是这样的：

有一次，波尔西列夫驾驶列车时，在前面的轨道上看见另一列疾驰的火车迎面而来。这列火车原本因蒸汽不足而停驶，驾驶员把 36 节货车厢留在现场，只拖着几节车厢向不远的车站开去。但他忘了将这 36 节车厢刹好，车厢在斜坡上以时速 15 千米的速度后退，向波尔西列夫驾驶的火车冲过来。面临这种情形的波尔西列夫，立即将自己的列车刹住，用和对方相同的时速 15 千米向后倒退。由于这种随机应变的处置极为得当，他在毫无损伤的情况下用自己的列车安全地接住了 36 节货车厢。

6. 秤台

当秤台上的物体完全静止时，指针才会指出最准确的重量。但是，如果秤台上是人，在人身体弯曲的一刹那，秤台的指针就会摇摆不定，而且所指出的重量还会比实际重量轻，为什么？因为在上半身弯曲的同时，肌肉也把下半身往上拉，对秤台的压力就相对减少，反之，在恢复身体直立的一刹那，秤台指针所指的重量就会增加，理由是肌肉分别压迫着上半身和下半身，所以下半身对秤台的压力就会增大。

如果只抬高手臂，高灵敏度的秤的指针也会摆动，但这种摆动不过是表面的体重增加一点点罢了。因为在手臂抬高时，肌肉以肩膀为支点，和身体一起把肩膀往下压，造成秤台压力的增加。如果手臂要维持抬高的状态,反侧的肌肉便开始作用,也就是肩膀向手的前端接近,由于肩膀往上拉,所以体重,也就是身体压着秤台的压力会相应减少。

相反,放下手臂后,体重则会减少,而在放下手臂的一刹那,体重则会增加。简单地说,由于肌肉作用的原因,体重会有所增减。当然,这里所谓的体重,是指物体对秤台的压力。

7. 物体放在哪里最重

地球对物体的引力,会随着物体离开地面的高度的增加而减少。在距地面 6400 千米的高度,也就是从地心算起,距离地球半径 2 倍的地方,引力会变成 2 的平方分之一,也就是 1/4。换言之,1 千克的砝码会变成 250 克。假如地球的全部质量都集中在地心,根据万有引力定律,地球对物体的和其距离地心的距离的平方成反比。拿上述例子来说,从地心到物体的距离为地球半径的两倍,引力就变成 2 的平方分之一,也就是 1/4。此外,高度为 12800 千米,也就是地球半径的 3 倍,引力则为 3 的平方分之一,即 1/9,这时,1 千克的砝码就只有 111 克了。

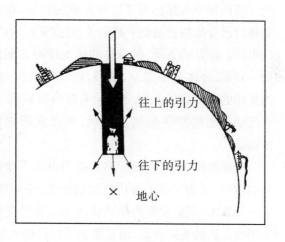

图 17 为什么愈接近地心,重量会愈轻呢

相反,假如我们进入地球内部,照理说,愈接近地心,引力就愈大,也就是砝码在地球深处应该比在地表重,事实上,这种推测并不正确。因为愈深入地球内部,重量非但不会增加,反而会减少。理由何在?原因是一旦深入地球内部,地球对物体的引力就不单是在物体的某一侧了,而是分布在物体的周围。读者不妨看看图 17。在地球深处的砝码不但要受到其上方物质的吸引,而且还要受到其下方物质的吸引,也就是说,砝码位处地心和地表之间,假定对砝码作用的只有地心引(拉)力,则愈

深入地球内部,砝码的重量就会愈轻,当到达球心时,物体就会完全失去重量,呈无重量状态。由于物体各个方向所承受的引力完全相同,各方向的引力互相抵消,结果变成零。因此,物体在地球表面时最重,离开地面无论是向上或向下,重量都会减轻。但也有例外,在地球内部的某些地方由于密度大的原因,在一定距离内,愈接近地心,重量反而会增加。

8. 物体下落时的重量

或许每个人都经历过这种奇妙的感受,在电梯开始下降的一刹那,觉得自己身体的重量似乎减轻了,这就是所谓的"无重力感"。虽然脚下的电梯已经开始下降,但身体的速度没有达到电梯的速度,所以在最初的一刹那,身体几乎完全无法对电梯施加压力,因此感觉体重减轻了。当最初的一刹那过去后,不再会有这种奇妙感。而且身体的下落能比等速运动的电梯更快地恢复原状,所以我们感觉又恢复了自己的全部体重。

在弹簧秤上悬挂砝码,然后搭乘电梯下来。这时,开始观察指针移动的情形。(为了易于辨认位置的变化,不妨在指针移动的那道沟中插入一片软木,观察软木的移动状况来分辨其变化)结果弹簧秤的指针并未指出砝码的实际重量,而是指出了较轻的重量。假若让弹簧秤自由落下,我们会发现在落下的那一瞬间指针仍然指着零的位置。

无论多么重的物体,在它往下落的那一瞬间,都毫无重量可言,为什么呢?理由很简单,物体拉弹簧秤悬垂点的力量或压秤台的力量,也就是一般人所谓的"物体重量",在物体下落的一刹那,并未拉弹簧秤或压秤台。由于弹簧秤和物体同时往下掉落,所以在这段期间内,物体不可能压住任何东西,因此不可能产生任何力量。这时,你认为物体的重量是多少呢?至此,答案已十分明显了。所以,提出这个问题,就如同询问一个无重量的物体有多重一样的可笑。

早在17世纪,著名的力学创始者伽利略,就已经写过如下的一段话:"……当我们想防止肩上的货物掉下来时,就会感觉到肩上有货物的重量。但是,假若肩上的货物和我们以同速度往下降落时,我们就不会再感到肩上有货物的重量。这种情形就如同我们在追赶同速度前进的敌人,并且企图用刺刀杀死对方是一样的道理。"只要做个简单的实验,就可明白我的想法正确无误。

如图18所示,在秤的一端放一把工具,在另一端置放砝码,使秤平衡。现在把工具的一部分放在秤盘上,一部分用绳索吊在秤杆的一端。我们用火柴烧断吊工具的绳索,工具的另一部分就会掉在秤盘上。

图18　降落物体无重量的实验

在这一瞬间,秤会发生什么变化呢?换句话说,当工具的另一部分掉下来时,置放工具的秤盘是会往上移动、往下移动还是保持原来的水平状态呢?

从前面的例子来看,物体下降最初的一刹那没有重量,所以读者可能会回答:"秤盘是往上移动的。"

实际上,秤盘的确是往上移动。由于秤盘在下面,所以当工具的两部分重合的一瞬间,它们对于秤盘所作用的压力还是比静止时候的小。因此,在这一瞬间,置放工具的秤盘的负重就会减轻,秤盘就会自然而然地往上跑了。

9. 乘炮弹能上月球吗

1865年,法国作家威尔诺的科幻小说《从地球到月球》出版了,内容是描述人类乘坐巨型炮弹飞上月球的故事,在当时真可说是异想天开。威尔诺把登月计划煞有介事地表述出来,究竟其中有几分可行性呢?现在我们来研究一下。

最初,我们考虑不让发射的巨型炮弹飞回地球,理论上这是可行的。但实际上,炮弹从炮膛中被水平发射出去,仍会掉回地面。为什么呢?理由是地球引力促使炮弹的飞行路线弯曲的关系。也就是说,炮弹不可能直线飞行,而是会绕着地球呈曲线飞行,由于地表弯曲,弹道也是弯曲的。所以唯有减少弹道的弯曲程度,使它与地表的弯曲程度相同,炮弹才不至于落回地球。如果炮弹的弹道弯曲程度和地球表面的相同,它就会像月亮一样,成为地球的小卫星。

但是,从炮膛中发射出去的炮弹究竟该怎么运动,弹道的弯曲程度才会比地球表面的小呢? 当然,只要发射时初速度够大就可以了。图19为地球的部分剖面图。现在,把大炮放在山顶的 A 点,从炮膛水平发射出的炮弹,如果没有地球引力,一秒钟后将到达 B 点,但是由于地球引力的关系,炮弹在一秒钟后不会到达 B 点,而会到达比 B 点低 5 米的 C 点。因为有地球引力作用的关系,所以会相差 5 米,即真空中自由落体物体最初一秒钟所落下的距离。假如降下 5 米的炮弹,距离地表的位置和 A 点相同,炮弹则会沿着地球同心圆的圆周作运动。

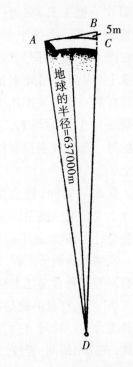

图 19　计算炮弹发出永远不敌落回地球的速度

炮弹一秒钟水平飞行的距离,也就是AB 间的距离,必须计算出来。(图 19)如果我们要炮弹一直绕着地球飞行,要达到何种初速度才行呢? 答案可依据图中的三角形 ADB 计算出来。三角形的一边 DA 为地球的半径,长约 637000 米,由于 CD＝DA,而 BC＝5 米,故 DB＝637005 米,利用毕氏定理可获得如下的方程式:

$$(AB)^2 = BD^2 - DA^2 = (6370005)^2 - (6370000)^2$$

解出 AB 为 8 千米。

因此,假如物体运动时,并没有强大的空气阻力存在,以秒速 8 千米从大炮中水平发射的炮弹就绝对不会落回地球,而会像一颗卫星永远绕着地球运行。

其次,如果以更大的速度发射,炮弹又将飞往何处呢? 根据天体力学得知,初速度为 8.9 千米/秒或 10 千米/秒时,炮弹会绕着地球在椭圆轨道上飞行,初速度愈大,椭圆轨道就愈趋向扁平。一旦初速度达到11.2千米/秒时,弹道就不再是椭圆形了,而是抛物线,这样一来,炮弹就永远不能飞回地球了。(图20)

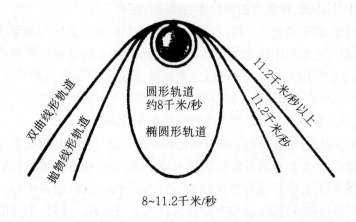

双曲线形轨道

抛物线形轨道

圆形轨道
约8千米/秒

椭圆形轨道

11.2千米/秒以上

11.2千米/秒

8~11.2千米/秒

图20　以8千米每秒或8千米每秒以上的初速度发射炮弹的弹道

由此可知,只要以极大的速度发射炮弹,就有可能飞抵月球,这在理论上是行得通的。

10. 威尔诺笔下的月球之旅

前面,我们曾介绍过威尔诺的小说,相信读者应该还有印象。当炮弹受到的地球引力和月球引力相等时,炮弹本身又会发生什么样的变化呢? 威尔诺说:"这时,炮弹中所有的物体都是呈无重量状态的,连旅行者也会从床上飘起来,而且整个身体都会悬浮在空中。"

威尔诺的这段描述完全正确,却不够详尽,因为不光是旅行者,就连炮弹里的其他东西也都一样,会变得毫无重量,而且,在开始作自由飞行(宇宙飞行)的一刹那,也一样毫无重量可言。下面,我们再从威尔诺的小说中摘录一段文字供读者参考:"当炮弹中的旅行者将尸体从里面抛出炮弹外时,尸体并没有落回地球,而是和炮弹一起继续飞行,这种现象使旅行者大吃一惊。"威尔诺描述的这种现象十分正确,解释也很恰当。大家都知道,在真空中,一切物体都以相同的速度落下,也就是说,地球引力作用在所有物体上的加速度都一样，所以落下的速度也应该相同。说得更准确一点，炮弹和尸体从大炮中发射出的速度相同，由于重力作用同时减少，所以从地球到月球的任何地方，炮弹和尸体的速度都应该相同才对，因此，被抛出去的尸体会紧随着炮弹飞行。

但是，威尔诺犯了个错误，他认为，虽然尸体被抛出去时不至于落回地球，但是在炮弹中就会落回地球。其实，尸体无论是在炮弹内或炮弹外，所受的作用力产生的加速度完全一样，因此不可能有这种情况发生。由于尸体和炮弹的速度一致，相对炮弹而言，尸体应为静止的状态，这样一来，浮在炮弹中的尸体就会一直保持原来的状态。

不仅是尸体，连旅行者本身和炮弹中的其他一切物体都会飘浮在空中。就是说，在地球和月球间的任何地点，炮弹内物体和炮弹外物体的速度完全相同，纵使没有支撑物也不会掉下来。此外，炮弹中的椅子也可能颠倒过来，椅脚可能整个贴在天花板上倒挂着。这时，倒挂的椅子会和天花板一起前进，所以不可能掉下来。炮弹中的人也可以坐在椅子上，头部朝下，不用担心有掉下来的危险。究竟在什么情况下椅子和椅子上的人才可能会掉下来呢？严格说来，除非炮弹飞行的速度比旅行者快，椅子上的人才可能掉下来，但这种情况不可能发生，因为前面已经说过，炮弹内一切物体和炮弹有完全相同的加速度。

威尔诺那时没有想到这一点，他只想到，由于物体受地球引力的作用，当炮弹以高速度向月球飞行时，炮弹中的物体就和原本静止时一样，仍旧压着弹床。其实，弹床和物体二者在空气中以同样的加速度运动时，彼此都不可能压对方。可惜威尔诺并没有意识到这一点。

因此，从炮弹开始作自由飞行的一刹那开始，炮弹内的旅行者便已完全失去重量，可自由自在地飘浮在空中，炮弹内的其他物体也一样会失去它们的重量。从种种迹象看，究竟旅行者是以高速度在宇宙中飞行，还是仍静止地停留在大炮内呢？威尔诺笔下的主角们从出发到太空旅行，一直不清楚自己到底是在太空中，还是仍停留在炮膛里。

如果威尔诺的主角是乘坐汽船，那情况可就大不一样了，他们不会像在炮弹中的旅客那样毫无知觉，因为在汽船上，乘客的体重自始至终都不会改变，而坐在炮弹中的人是要经历有重量到无重量的过程的，所以，他们的感觉应是迥然不同的。

威尔诺笔下的奇妙现象,说明在炮弹中的小世界里,一切物体都是无重量的,所以把手松开,东西仍会停留在原先的位置,无论把东西放在什么地方,它都不会掉下来,就是把水瓶倒立,瓶中的水也不会流出来……威尔诺在这方面可以说已充分发挥了他惊人的想象力,而且其中的一些表述是很正确的,尽管他遗漏了很多重点,可在当时这已是难能可贵了。

11. 不准的秤能称出准确的重量吗

要称出物体准确的重量,秤和砝码哪一个比较重要?

也许有人会说秤和砝码都很重要,这种说法并不正确,因为只要有准确的砝码,就是用不准的秤,一样可以称出准确的重量。用不准的秤,称出准确重量的方法有好几种,下面只介绍其中的两种方法。

第一种方法是由元素周期律的发明者、著名的俄国化学家门捷列夫想出来的。首先,在秤的左秤盘上放上物体 B,物体 B 必须要比称的物体 A 重,任何东西都可以。然后在右秤盘上放上砝码,并使左右平衡。接着在放砝码的右秤盘上放上要称的物体 A,使秤平衡,这时,就必须从右秤盘上拿掉几个砝码。所拿掉的砝码的重量就是物体 A 的重量。换言之,在右秤盘上的物体 A 同样具有砝码的作用,与取下的砝码重量相同。尤其是要连续称好几个物体的重量时,这种方法格外方便。不过,最初放在秤盘上的物体 B,必须连续使用好几次。

另一种方法是为纪念发明这种方法的学者而被命名为"波尔多"的方法。做法如下:在左秤盘上放上要称的物体,为了使左右秤盘平衡,就得在右秤盘上放散沙。接着把左秤盘上的物体拿掉,为了使左右秤盘平衡,得在左秤盘上放上砝码,砝码的重量就等于要称的物体的重量。

只有一个秤盘的弹簧秤,也可以用第二种方法测出物体的准确重量。只要有准确的砝码,也可以不用散沙。先把物体放在弹簧秤上,看指针停在哪一个位置,然后用砝码取代物体,直到指针到达刚才的位置。这时,砝码的重量就等于物体的重量。

12. 肌肉的力量

一个人如果只用一只手,能抬起多重的物体呢? 假定能抬得动 10 千克的物体,那么你是认为这 10 千克的物体所受的重力等于你手臂肌肉的力量吗? 其实不然,我们手臂肌肉的力量应该大于 10 千克的物体所受的重力。我们不妨先看看手臂上肘二头肌的功能。(图 21)二头肌就附着在具有杠杆作用的前臂骨头支点附近,重物挂在这活肌肉杠杆的另一端。由重物到支点的距离,也就是到关节的距离(二头肌附着于上肘的地方)。以 8 倍大的力量来拉动物体,当手拿着 10 千克的东西时,肌肉就用 8 倍大的力量来拉,所以肌肉的直接拉力并非只有98 牛,而是 784(=98×8)牛,即肌肉的直接拉力能抬动 80 千克重的物体。

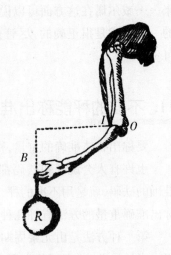

图 21　人的前臂就是一种活的肌肉杠杆,力主要作用于 I 点。B 点为支点,R 为重物,OB 长等于 OI 长的 8 倍

也许有人感到奇怪,肌肉的构造到底能产生什么特殊作用,它似乎会导致很多力量的浪费。可是,由古代力学上的"黄金分割"来看,它浪费力量的缺点可在帮助运动上弥补回来,它可使主体的运动速度加快。如手部的肌肉就可使手部的运转速度加快 8 倍以上。高等动物的手脚之所以敏捷,就是因为肌肉附着状况良好的缘故,而且在生存竞争上,手脚动作的敏捷往往比力量大小更重要。假如人类的手脚缺乏这种结构,那么,人类必将成为动作最迟缓的物种。

13. 针为什么能刺东西

你想过没有,细小的针为什么能轻易刺入纸片、布料、厚纸板或绸缎中,而且刺入后还会竖立起来,但是钉子的圆形一端就不太容易刺入物体。两者所用的力量完全相同,为什么结果差那么大呢?因为两者所用的力量虽然相同,但压力未必相同。针的力量全部集中在前端的一点,而钉子的力量却分散在前端的圆头上。由于圆头的面积较大,力量容易分散,纵使两者力量的大小完全相同,细针的压力也会比钉子圆头的压力大得多。

其实,有20支爪的铁耙与有60支爪的铁耙相比,前者更容易挖掘土地。为什么呢?因为就每一支爪的结构而言,20支爪所发挥的力量要比60支爪所发挥的力量大。

有关压力方面的问题,考虑力量大小的同时,也不可忽视力量作用的面积,就好像你听到某人的薪水是3000元时,你并不能判断出这薪水究竟是多或是少,因为这笔钱可能是月薪、周薪,也可能只是一天的薪水。同理,我们也应该弄清楚,力量到底是作用在一平方厘米的面积上,还是作用在百分之一平方毫米的面积上。

在松软的雪地上,须穿着雪橇走路不可,如果没穿雪橇,不一会儿,脚便会陷入雪中,无法再走下去了。理由是,如果穿上雪橇,人的体重就会分散到雪橇较大的面积上;如果没穿雪橇,力量则集中在较小的脚板的面积上。假定雪橇的表面积比脚板的底面积大20倍,则穿雪橇后对雪地的压力就是不穿雪橇时的1/20,因此,在松软的雪地上,须借雪橇来支撑身体的重量。一旦不穿雪橇,就无法支撑体重,人很快就会陷入雪地里。

在很深的雪地上走动时,必须穿着球拍形雪鞋的目的就是要扩大脚板的底面积,从而减小对雪地的压力。此外,在薄冰上,人们总是匍匐前进,目的也是利用较大的面积来分散自身的体重。

至于笨重的战车或耕耘机,它们之所以能在松软的泥土上行驶,也是利用宽大的底面积来支撑并分散自重。质量是8吨或8吨以上的耕耘机,作用在1平方厘米的地面的压力不超过6牛。负载2吨的农耕机,对1平方厘米地面的作用力只有1.6牛。

根据以上各例便可明白细针容易刺入物体的原因——针尖的面积很小。因此,刀口很薄的刀比刀口厚的刀更锋利,理由是一样的。

由此可知,针尖可集中非常大的压力,从而轻松地刺入物体中。

14. 睡在石床上的感觉

同样是木制的圆椅,有靠背的比没靠背的舒服多了,为什么? 再有,吊床用相当坚硬的绳索编织而成,为什么睡起来却很舒服? 还有,不用弹簧垫,而将铁丝网垫在床上,睡起来的感觉也不差,理由又何在?

其实道理很简单。因为圆椅供人坐的部分很平坦,我们身体和椅子接触的面积很小,所以坐起来不太舒服。至于有靠背的圆椅,椅面多半稍微凹下,圆椅和身体的接触面积较大,体重就会分布在广阔的椅面上,所以坐起来较为舒服。只要单位面积的荷重减少,压力自会变小。

决定舒服与否的因素,就是压力的分配是否平均。我们躺在松软的床上时,身体的重量会促使床面凹下,压力(体重)平均分配到床面上,所以每平方厘米的压力只有 0.1 牛左右,睡起来便觉得格外舒服。

若用数字表示,便可一目了然。假定成人身体的表面积为 2 万平方厘米,躺下后接触床面的只占总表面积的四分之一,也就是 5000 平方厘米。成人的平均体重为 60 千克,所以 1 平方厘米上的压力只有 0.12 牛。

如果睡在木板上,身体与木板的接触面积只有 100 平方厘米,每平方厘米的压力不是 0.12 牛,而是 5 牛。像这么大的差异,我们当然可以立刻感觉得到。因此,只要压力平均分配在较大的面积上,我们就会睡得十分舒服。如果我们躺在柔软的黏土上,就可让黏土配合我们身体的形状;如果黏土坚硬如石,我们只好迁就一点,而用身体来配合黏土凹凸的形状。那么,明明睡在黏土上,为什么却如同睡在绸缎上一样,感到柔软无比呢? 理由很简单,因为重量已平均分配到支撑的面积上了。

三、旋 转 、永 久 运 动

1. 熟蛋和生蛋的识别法

不敲破蛋壳,能不能够区分熟蛋和生蛋? 只要你懂得力学,做起来就很容易。

换言之,就是利用熟蛋和生蛋旋转时的差异,来分辨究竟是熟蛋还是生蛋。把蛋放在平坦的碟子上,用两只手指夹着,然后让蛋旋转。(图 22)这时,熟蛋(尤其是煮很久的蛋)比生蛋旋转得更快更久。因为要让生蛋转得快很难,而煮了很久的蛋,不但能转得很快,而且能显出平坦的椭圆形面,纵使让蛋较尖的部分在下面,使蛋直立着旋转也不成问题。

图 22 使蛋旋转的方法

熟蛋的内在物质(蛋黄和蛋清)已经结合成一体,而生蛋则不然。生蛋中还有液态的物质,而液态部分无法立即接受旋转运动,主要是因为惯性控制了蛋壳的运动,并且有终止运动的作用。

熟蛋与生蛋停止的情形也不同。当熟蛋旋转时,只要我们伸出手一碰,它就会立刻停止。当生蛋旋转时,在手指碰到的一刹那会停一下,但当你缩回手指后,蛋又会再转几次。这也是惯性运动的关系,因为外面的蛋壳停止后,生蛋内的液态部分还继续运动,蛋就会再转几次,而熟蛋的内在物质已经变成固体,所以能和蛋壳一起停止运动。

还有另一种方法也可识别熟蛋和生蛋。如图 23 所示,用橡皮圈绑着熟蛋和生蛋,再用相同的绳子吊起来。把吊蛋的绳子向同一方向扭转相同次数,然后同时把手松开,便能很容易地识别熟蛋和生蛋了。当绳子的扭转完全松开后,熟蛋会因惯性而朝相反的方向旋转,接着又恢复原来的旋转方向,如此反复进行,旋转的速度逐渐减慢直至停止。但生蛋只做一两次旋转,比熟蛋停止得更快更早,这

图 23　把蛋悬吊着,以转法来识别熟蛋和生蛋

也是内部的液体对旋转运动产生终止作用的关系。

2. 旋转的儿童游乐车

打开雨伞,把伞的顶端放在地板上,让伞旋转。这时,伞会转得很快,我们丢入皮球或纸团后,让伞继续旋转,皮球和纸团就会跳出伞外。或许大家认为这是离心力的作用,其实这是惯性的作用,因为皮球并不是沿着半径方向,而是沿着圆的运动方向被抛出去的。

在世界各地的儿童乐园里,常可看到如图 24 所示的游乐装置,而这种游乐装置的原理就是旋转运动的关系。因此,可从这种游乐装置中体验惯性作用。

玩旋转车的人,或站或坐,或躺或卧,但都集中在圆台上。起初,马达带动旋转车开始转动,然后逐渐提高旋转速度,这时,因为惯性作用的关系,台上的人都会被抛向边缘处。当然,开始时几乎看不出有惯性作用,直到乘客跑出旋转台后,才可以看出旋转运动所造成的惯性作用愈来愈明显。无论你用什么方法,结果都会跑到旋转台外,也就是被抛向边缘处。

实际上,地球就像一个巨大的游乐玩具。虽然地球不会把我们抛出

图 24　旋转的儿童游乐车。在旋转台上的人会被抛到边缘处

去,但地球的运动使我们的体重减轻,这倒是不可否认的事实。例如在赤道一带,地球的自转速度很大,足以使我们的体重减少 1/300。当然,还有其他因素(地球并不完全呈球形,而略呈扁平状)存在,所以在赤道上,我们的体重平均会减少 0.5%(即 1/200)。如果体重是 60 千克的成人,在赤道上的体重就会比在北极轻 300 克。

3. 墨水旋风

用光滑的白色厚纸做成圆板,并将铁钉插在中心,做成如图 25 所示的陀螺,然后再滴几滴墨水在圆板上,在墨水未干之前,轻轻旋转陀螺。当陀螺停止时,墨水会变成什么样子呢? 答案是墨水会变成旋风似的螺旋状。

这种墨水滴的形状很像旋风,最先形成的螺旋线便是墨水滴运动的轨迹。墨水在圆板上的情形就和上述的儿童旋转车上的人所受到的作用一样。墨水滴因受到离心力的作用逐渐离开圆心,用比本身速度大得多的速度,向旋转圆板的边缘移动。因为圆

图 25　滴在旋转圆板上的墨水的移动痕迹

板比墨水滴转得快,所以墨水滴从圆板中心向后退,形成弯曲的移动轨迹,也就是我们在图25中所看到的螺旋线轨迹。

无论是从大气高压区(高气压)离散的气流,还是进入低压区(低气压)的气流,都会遭遇到同样的情形。墨水滴的运动轨迹,不过是这些巨大旋风的缩影罢了。

4. 被骗的植物

因高速旋转而产生的离心力,有时也可能超过重力。普通的车轮旋转时,能产生极大的离心力。我们不妨来做个有趣的实验。大家都知道,植物总是朝着与重力相反的方向生长。早在100年前,英国的植物学家奈特就曾做过这样的实验。他让植物种子在旋转的车轮的轮辐上萌发、生长,实验结果令人大吃一惊,因为植物的根都向外侧生长,植物的茎则都向车轮中心生长。(图26)

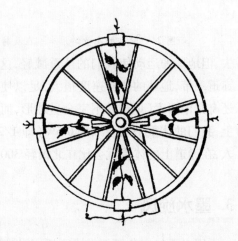

图26 在旋转中的车轮轮辐上生长发芽的豌豆种子的生长情况

也就是说,另一种作用力取代了重力,这种力就是从车轮中心朝向外侧的作用力。由于这种力的作用,植物的萌芽会朝着与重力相反的方向成长,也就是,萌芽朝车轮的中心生长。实验造的重力,比自然重力大,因此,萌芽的植物就会改变原先的生长方向。

5. 永动机

我们常可听到"永动机"或"永久运动"等名词,但真正了解的人并不多。所谓"永动机",就是指不受外力,能持续运动,并且能抬高物体,做出有效功的装置。自古以来，一直有人尝试制作永动机，但是没有人成功，结果发现不可能有永动机产生，同时也发现了现代科学上的能量守恒定律。另一方面，所谓永久运动，就是指不做功而能永久地持续运动。

图 27 为最古老的永动机之一。时至今日，仍有不少人在试图制作这种装置。这是一种在车轮边缘悬挂前端有重锤且可自由活动的棒子能使车轮永久运动的装置。因为无论车轮在什么位置，右侧重锤总是比左侧重锤距离中心远，所以，右半部会牵动左半部使车轮旋转，换句话说，车轮将会永久（至少在车轮磨损之前）旋转。但这仅仅是机器发明者的

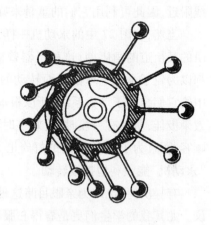

图 27　中世纪问世的永动机

想法，实际上却不能旋转。为什么发明者的计算和实际情况有所出入呢？

因为车轮右侧的重锤虽然距离中心较远，但右侧的数量比左侧的数量少。如图 27 所示，右侧重锤的总数为 4 个，而左侧的重锤却有 8 个，所以就重量而言，这个装置仍然是平衡的。操作时车轮可能向左右晃动几下，然后在还没有旋转前就停下来了。

由此可知，要想做出永久转动的机器的确不容易。在这方面绞尽脑汁的人真是愚不可及。但在中世纪，许多人殚精竭虑地思考这个问题，那时永动机的发明简直比用廉价的铅提炼黄金的冶金术更具魅力，许多人都在这上面浪费了大量的时间与精力。

虽然曾有几百桩永动机的腹

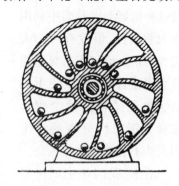

图 28　17 世纪英国人伍士达所发明的永动机

稿出现，但都无法实现，因为只要发明者忽略任何一个小细节，全部计划都可能全部泡汤。

再介绍一个永动机的例子。这是一种在内部装上笨重圆球来转动车轮的装置。（图28）发明者伍士达认为，车轮一侧的圆球常会停在轮线附近，因此可利用它们的重量来旋转车轮。

当然，与图27中的永动机一样，这种机器也无法转动。在美国洛杉矶的某街道的酒店前，这种机器曾被用来招揽酒客。（图29）看过的人都以为轮子是因圆球滚动而转动的，其实不然，因为酒店的老板早就暗中给它们装上了动力系统，所以根本不是永动机。由于这种机器的宣传效果极佳，所以有一段时间，好多时装店也都利用这种"永动机"来招揽顾客，而且为了满足人们的好奇心，也都暗中装上了动力系统，使这些"永动机"能顺利地持续转动。

有一次，我也因为亲眼目睹这种"永动机"的宣传效果而感到不可思议。尤其我的学生们更是看得心服口服，虽然我竭力解释不可能有永动机，但在学生们亲眼看了它的转动之后，就把我的话当耳旁风了。他们没想到会有人在暗中做手脚，从而认定是铁球的滚动使车轮旋转的。当时，我曾向他们解释过这种机器必定是暗中利用电力驱动的，但没有一个人信我的话。恰好当时每逢假日会固定停电，所以我干脆对学生说："你们找个假日去看一下吧！"好奇的学生们当然不会放弃这种机会。

后来，我问学生们机器动了没有时，他们都用报纸遮住了脸，不愿回答。从此，学生们对我又恢复了信任，

图29　洛杉矶某酒店为招揽顾客所安装的永动机

开始相信能量守恒定律，而不再被所谓的永动机蒙骗了。

6. 是奇迹？ 非奇迹？

许多人为了发明永动机，埋首经年却终无所获。他们为了制作永动机，不惜将薪水与银行中的存款全部耗尽，甘心过着清苦的生活。我认识的一名工人就是这种永远无法实现的机器的牺牲者。他常年穿也穿不好，吃也吃不好，还准备向人筹集钱财以帮助他完成最后的尝试，可惜由于此人物理学的基础知识过于贫乏，所以没人理会。

前人在研究永动机上的失败，使得人类逐渐醒悟了，并发现这是一个无法实现的梦。但是在那些研究过程中，却有许多意想不到的重要发现，这真是无心插柳柳成荫啊！

最好的例子就是荷兰著名学者西蒙·史提芬所发现的斜面力平衡法则。这法则的发现，使史提芬成为举世闻名的学者。现在的许多发现，还得借助他的法则。此外，他将指数引入到了代数中，发现了小数以及日后再度被巴斯噶发现的静力学法则。

史提芬没有用力的平行四边形法则，而是由图 30 的图片发现了斜面力平衡法则。在图中的棱镜上，挂着由 14 个大小相同的圆球所组成的链子，这条链子的下半部如同花环一样垂着，维持着自身的平衡，至于棱镜一边剩余两个圆球的部分，彼此是否能保持平衡呢？换言之，右侧的两球

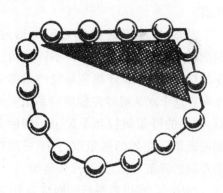

图 30　是奇迹？非奇迹？

是否能与左侧的四球达成平衡呢？当然，两者必定会平衡，否则，链子就会由右至左永远转动，因为一旦有一个圆球滑下来，其他的圆球就会向上补位，平衡状态就会被打破。像图中这种挂在斜面上的链子，在自然状况下绝对不会动，所以右侧两球会与左侧四球保持平衡。这看起来好像是一种奇迹，因为一侧有两个圆球，而另一侧有四个圆球，怎么可能会

平衡呢?

也就是这种看似奇迹的现象促使史提芬发现力学上的重要法则。他立即想到,右侧链条与左侧链条的长短不同,因此,两者的重量比一定和长斜面与短斜面的长度比相同。由于以绳子连接两个荷重,所以,只有两者的重量比和斜面的长度比相同,才可能在斜面上平衡。

但是,这里的短斜面却是特殊的垂直状,所以力学上著名的法则因此宣告成立。要使物体在斜面上静止,就必须对斜面施加平行的力,这种力和物体的重量成反比,比率等于斜面长度与高度之比。

因此,史提芬由永久运动不可能实现的试验中,发现了力学上的重要法则。

7. 另一种永动机

图 31 也是一种永动机的试验品。根据发明者的构想,在各个车轮上悬挂上重链条,无论在什么情况下,右半部总是比左半部长,因此,由链条连接的车轮会连续下降,推动整个机器。

当然,发明者的构想必定是错的。前面已经说过,纵使从各种不同的角度来连接,重链条部分都会与轻链条部分平衡。这个永久机器左侧的链条呈竖直状,右侧的链条斜挂在车轮上。即使右侧的链条比左侧的链条重,仍不可能拉动左侧的链条,所以无法永久运动。

1860 年,在巴黎举行的博览会上,有一位发明家展出了一部构造巧妙的机器。这种机器的内部有几个圆球在滚动,使整部机器成为一个大型车轮。许多发明家绞尽脑汁,但都无法使这车轮的运动停止,大部分的参观者也想方设法让车轮停止,但当他们把手放开后,车

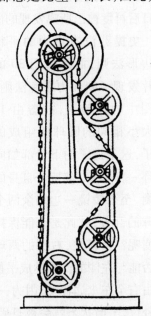

图 31　另一种永动机的试验品

轮便又开始转动。其实,车轮之所以转动的原因,即动力,正是参观者想停止它的各种动作,可惜参观者始终无法识破这一点。换句话说,要想使车轮停止运动,人们就要朝相反方向推车轮,这时,制造得既精巧又隐秘的发条装置就愈来愈紧。由于大家都没有发现这个隐秘的装置,所以当时人们都以为它是个永动机。

8. 彼得一世时代的永动机

德国奥尔菲勒斯博士发明了一种永动机,后来被俄国购买。当时的俄国皇帝彼得一世,从1715年到1722年,曾数次因这部永动机写信到德国询问,来往的信函至今仍保存着。因"自动轮"而扬名全德的发明家奥尔菲勒斯博士,同意以大笔金钱为条件,将机器卖给俄国皇帝。彼得一世有收集珍奇的嗜好,为了搜罗珍品,甚至还派遣学者去了欧洲。由文书官西蒙麦赫尔与奥尔菲勒斯博士交涉负责购买这部机器。西蒙麦赫尔曾针对博士所提出的要求向沙皇作了如下的报告:

"这发明家开出最后条件是,只要我们付10万卢布,他就把机器卖给我们。"根据文书官的报告,可知机器的发明者曾作过如下的宣言:"这部机器绝非魔术,除非有人恶意中伤,否则任何人都无法使它停止。我之所以说这些话,是因为世上不可相信的坏人太多了。"

1725年1月,彼得一世由于非常渴望目睹这部著名的"永动机",想亲自前往德国一趟,可惜未能如愿。

这个充满传奇色彩的奥尔菲勒斯博士,究竟是怎样的一个人呢?他所谓的永动机又是什么样的机器呢?根据我个人的调查,获得如下的事实。

奥尔菲勒斯博士本名叫贝士拉,1680年生于德国,曾学过神学、医学和绘画,后来开始研究永动机。在数以千计的发明家中,他最为著名,也最幸运。他因展示自己发明的机器获得了大量的财富,直到1745年去世时,生活还相当富裕。

图32是抄自古书的奥尔菲勒斯博士的机器图,也是1714年的机器。图中右边的轮子能自行旋转,而且能凭借着一个车轮将很重的货物拉到相当的高度。

最初,博士在定期市场展示这种不可思议的机器,不久,消息便传遍了全德国,传播到了有力的后援者波兰国王卡歇尔伯爵耳中。伯爵甚至提供自己的城堡让他来做机器的各种试验。

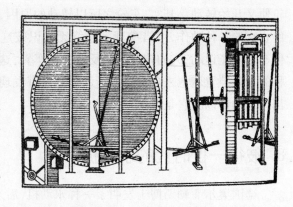

图32　彼得一世购买的"自动轮"

于是在1717年11月12日,这部机器在无人的房中开始转动。放置机器的房间不但被锁起来,加上封条,而且还派遣了两名卫兵看守,不准任何人进入。这部奇妙的机器在房中连续转动了14天,直到11月26日,伯爵拆除封条,带人进入房后,这部机器仍在转动。机器被停止后,经过细致的检查,再次被开动。不用说,房间又被封锁,同时有两名士兵负责警戒,时间延长为40天。到1718年1月4日,封条被拆掉,鉴定者亲眼看到机器仍在转动。

但是,伯爵仍不满足,继而进行了第三次实验。房间又被贴上封条,时间为两个月。两个月后,伯爵发现机器还在转动。

这次,伯爵总算心服口服了,并且发给博士一张正式的证书和10万卢布的货款。证书上写着:"这部永动机每分钟转50次,能将16千克重的货物抬高1.5米,同时还能带动风箱用来打铁或带动研磨盘。"

且说博士将他这项惊人的发明公开以后,消息很快就传遍了全德,传遍了全欧洲,传到了爱好机器的彼得一世耳中。沙皇立刻向著名的外交官奥斯特尔曼下了一道命令,要他仔细调查。因为这位外交官久居国外,而且在1715年就开始注意奥尔菲勒斯博士的永动机,所以虽然无缘亲眼目睹博士的机器,却迅速地呈递了一份详细的报告书给皇帝。彼得一世很喜爱这位发明家,甚至还想召他到自己的国家,在自己手下做事。

这位著名的发明家不仅受到了各地热情的招待,而且各国皇帝都赠送了不少金钱给他,当时的诗人还作诗歌颂他那奇特的发明。当然,有人怀疑博士欺世盗名,也有人公然非难博士,甚至政府也提供1000马克的赏金,悬赏能识破博士破绽的人。当时,暴露博士机器破绽的是一本

小册子,册子上刊载着如图
33 的图片,图片下面还作
了如下的说明:在柱子内有
看不见的车轴被钢索缠绕
着,只要墙壁后藏一个人负
责拉动钢索,车轮自会
转动。

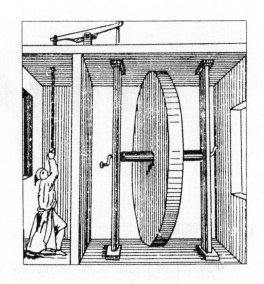

这巧妙的陷阱,也就是
构造的秘密,原本只有博士
本人和妻子、女仆知道。平
日博士和她们相处得很好,
但有一次因夫妻吵架而暴
露了这个秘密。假如他们
夫妻不吵架,或许至今仍会

图 33　永动机的秘密(抄自古书的图画)

有人半信半疑地讨论这部永动机呢!

　　所谓的"永动机",事实上,是有人躲在隐蔽的地方拉动钢索,而拉动
钢索的人就是女仆和女仆的弟弟。

　　当博士那骗人的伎俩被识破后,博士仍不甘心就此投降。他始终坚
持是自己的妻子和女仆故意中伤,直到临死前,依然不肯承认自己的欺
骗行为,可惜已无法挽回其声誉了。他曾对彼得一世的使者西蒙麦赫尔
说:"世上不可相信的坏人太多了。"这大概是有感而发的吧!

　　在彼得一世时代,还有另一架永动机,发明者叫赫尔托纳。西蒙麦
赫尔曾对这部机器作过如下的评论:"我曾看过赫氏的永动机,这部机器
有部分装沙的麻袋,很像研磨机。机器向前后运动,由两部分构成。根
据发明者的说法,这种机器无法做得更大。"当然,这机器并非真正的永
动机,必定也有利用人操纵的精巧机关。英法的学者都说:"所有的永动
机都违反了数学原理。"这是西蒙麦赫尔向彼得一世所呈递的报告中的
一段。

四、液体和气体的特性

1. 两个咖啡壶

图 34 中有两个咖啡壶,哪一个的容量更大呢?这两个咖啡壶的底面积相同,一高一矮。

许多人只要一看,就会毫不犹豫地说,高的咖啡壶容量大,但是,当你把水装入高的咖啡壶时,水至多能装到倒水的管口,多装一点,水就会流出来。仔细看便知道这两个咖啡壶倒水的管口高度相同,所以两者的容量也相等。

图 34 哪一个咖啡壶装得多

同理,各种形状的 U 形管的情形应和咖啡壶相同,虽然管口内液体重量比咖啡壶容纳的液体重量轻,但液体的高度完全相同。如果咖啡壶倒水的管口不高,水就无法装到壶口。由于水能从管口轻易流出来,所以有些咖啡壶的管口比壶盖还高,目的是在咖啡壶稍微倾斜时,咖啡不至于从管口倒出来。

2. 不懂 U 形管的古罗马人

直至今日,部分罗马市民仍使用着古罗马式建筑的供水装置。这种供水装置由古罗马的奴隶负责建造,十分坚固。当时负责指挥工程的技术人员虽然并不具备物理学的基本知识,但的确了不起。图 35 为德国慕尼黑博物馆所保存的古罗马的供水设施图。根据图片,古罗马的供水设施并非埋藏在地底下,而是铺设在距地面很高的石柱上,原因何在?

图 35　古罗马的供水设施

当然,地上工程比地下工程容易。然而,古罗马的技术人员不一定知道 U 形管两管的液面高度相等的原理,因此,他们用很长的管子连接两个蓄水池,并考虑两个蓄水池的水面是否等高。如果沿着斜坡把水管埋在地下,某些区域的水就必定要往上流。古罗马人认为水不可能往上流,所以无论在何处,他们都以同样的角度将水管向下铺设。因此,为了避开高处,水管往往是曲曲折折,有时,碰到低洼地带,还得用拱门式的高柱子支撑水管。罗马最著名的供水设施之一艾库耳·马亚锡就是这样,全长 100 千米,但直线距离还不到 50 千米。由于缺乏物理学的基本知识,所以他们另外建造了 50 千米的石台来支撑水管。

3. 液体的压力

即使没学过物理的人也知道,液体对容器的底面和侧面都有压力,但有很多人不知道,液体压力对液面上方也有影响。我们只要利用油灯的灯管,就可以做这种压力实验。把厚纸片剪成圆板,使圆板的大小与油灯管的管口大小相同。如图 36 所示,将油管颠倒过来,用圆板将油管的一端盖住,并没入水中。将油管压入水中时,为了使圆板不至于跑掉,在圆板中央系上一根线,用手拉住。一旦油管没入某一定深度,即使不用绳子拉,圆板也不会掉下去,牢牢地盖在油管下端。这是因为水的压力从下面向上压着圆板,所以纵使往下压,圆板也不会掉落。

图 36 液体能从下往上压

其实,只要稍稍动点脑筋,很快就能测出液体向上的压力。我们轻轻地将水注入油管内,当油管内水面和外侧容器的水面高度相等时,圆板就会很快地落入水中。换句话说,从下面压着圆板的水的压力与从水面到圆板处的水柱的压力完全相同,这也是液体中物体所承受的压力,因为液体中静止的物体能承受与物体排开的液体重量相等的浮力。这是著名的阿基米德原理,这原理也是从这简单的常识中推断出来的。

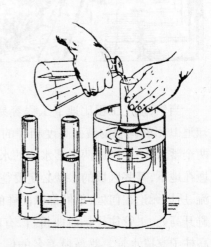

图 37 对容器底面作用的液体压力,依底面积与液面的高度而定,图示即为有关这方面的实验

如果你有几个形状不同、一端直径也不同的灯管,你便可用它来获知有关液体的另一个常识。油管底面的液体压力,会随底面积和距液面高度的变化而变化,却与容器的形状无关,这就是液体的另一个特性。我们将底面积相同的灯管没入水中同样的深度,再做刚才的实验,可知

道,当灯管中水位与外面的水位相同时,圆板就会自动脱落。(图37)换句话说,只要底面积和高度相同,即使形状不同,水柱的压力也会相同。在这里,重要的并非水柱长度,而是水柱的高度,因为如果底面积相同,那么,无论水柱倾斜或垂直,只要水柱的高度相同,压力就完全一样。

4. 哪个水桶较重

如图38,在天平的一端放上装满水的水桶,另一端也放上同样装满水的水桶,且水面上加放一块木片。这时,哪一个水桶比较重呢?

我常对人提出这个问题,所获得的答案不尽相同。有些人回答:"水桶中除水外还有一块木片,所以有木片的水桶比较重。"也有人回答:"水比木片重,所以有木片的水桶比较轻。"

图38 哪一个水桶比较重

实际上,这两个答案都不正确,因为两者的重量完全相同。有木片漂浮的水桶的水应该比另一水桶的水少,因为木片要浮在水面上,就必须将部分的水排到桶外。按照浮力原理,物体放入水中后,会排开与这物体没入水中部分同体积的液体,而被排开的液体的重量和物体的重量相等,由此可知,两个水桶必是等重的。

我再提出一个问题考考大家。如果在天平的一端放一个装满水的茶杯,杯旁加放一个砝码,另一端放上砝码,使左右两端平衡。待两端平衡后,将放在茶杯旁的砝码投入杯中,结果会怎么样呢?

根据阿基米德原理,砝码在水中比在茶杯外时轻。或许有人认为,放茶杯的一端应该上升。实际上,天平仍维持原来的平衡状态。

砝码进入茶杯后,虽然排开一部分水,使水面升高,茶杯底面的压力增加,然而茶杯底面所增加的压力,正好与砝码减轻的部分(浮力)相等,两者互相抵消,所以仍保持原先的平衡状态。

5. 液体的自然形状

大部分人以为液体是没有形状的,其实不然,因为所有的液体在自然状态下呈球形。通常,由于重力作用,液体不会形成球状,所以当你把水滴在平坦的木板(木板是水平的)上时,水就呈平坦状而流动;当你把水倒入容器内时,水就会配合容器,形成与容器相同的形状……但是,当你把液体倒进与自己同密度的其他液体中时,根据阿基米德原理,液体就会失去自己的重量,呈现无重量状态,这时,液体本身的自然形状才会表现出来,即球形。

橄榄油在水中会漂浮起来,在酒精中会往下沉。我们可以调制水和酒精的混合液,使橄榄油不会漂浮或下沉。在水和酒精的混合液中,用针筒滴入几滴橄榄油,便可观察到一个很奇特的现象。滴入的橄榄油形成一个很大的球体,既不上浮,也不下沉,安静地停留在液体中。(图39)

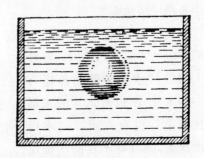

图39 把油滴入酒精的水溶液中,油滴成球形,既不上浮,也不下沉(蒲雷德实验)

做这种实验,不但要有耐心,而且必须十分慎重,否则是不会出现大的球体液滴的。尽管如此,我还是认为这实验非常有趣。

实验并非到此结束。我们将木棒或铁丝插入油球的中心,转动木棒,油球就会随着木棒的转动而旋转。如果我们将纸制小圆板用油浸湿,装在棒上,使圆板进入油球中。开始旋转时,油球会变成扁平状,经过几秒钟后,从油球中会

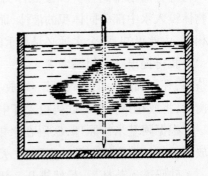

图40 自旋油球分离出的油

分离出环形的油,(图40)油环分散向四周,但破碎的油环并非是任意的形状,仍然会形成球状,在原先的油球周围旋转。

首次做这个实验的是著名的物理学家蒲雷德。在此将蒲雷德的实验完整地介绍出来,当然,这是个简单的实验。把小茶杯用水先冲洗一下,装满橄榄油,然后将装满橄榄油的小茶杯放到大茶杯底部,接着,将酒精慢慢倒入大茶杯中,直到恰好可淹没小茶杯的高度为止,最后,沿着大茶杯壁,用小汤匙谨慎地将水一点点灌进去。这时,小茶杯的油面就会逐渐鼓起,当灌入的水达到某一数量时,鼓起的部分会迅速脱离小茶杯,形成一个很大的球体,没入水和酒精的混合液中。(图41)

图41 蒲雷德实验

假如没有酒精,也可改用苯胺来做实验。在常温下,苯胺比水重,但在75℃～85℃时,苯胺就会比水轻,因此,只要加进热水,就能使苯胺变成大球,在水中浮动。如为室温时,苯胺滴能与食盐水形成平衡状态。

6. 散弹可以呈圆形

刚才说过,液体若在重力作用被解放的情况下,就会呈自然形状,也就是球形;前面也曾述及,物体下落时也呈无重量状态,假如我们不考虑物体最初下落时微小的空气阻力,则下落的液体也应呈球形才对。实际上,下雨时的雨滴便是球形。雨滴在刚下落时,是加速下落的,约30秒后,匀速下落,因为雨滴的重量随着速度的增加,会逐渐与空气阻力平

衡。散弹由熔铅滴凝结而成。在工厂生产时,是将熔铅从高处向冷空气中撒下,这时,铅滴就会凝结成球形。(图42)

用这种方法制造的散弹,又叫作"塔式"散弹,因为铅滴自极高的塔顶落下来,故有此名。高塔为铁制的,高度达45米,塔顶为铅的熔炉,塔底为水槽。落到水槽的铅滴,经过选择加工制成散弹。其实,当铅滴从塔顶落下时,已具备散弹的形状。水槽的作用只是在于削弱铅滴下落时的冲击力,防止散弹变形罢了。至于直径6厘米以上的大型散弹,就得采用其他方法制造,也就是将铅丝切成小颗粒,再加工制造成球形。

7. "无底"的酒杯

先在酒杯中倒满水,然后在酒杯中放入一支大头针,情形会怎么样呢?记住,我们在放大头针时务必慎重。首先,用手捏住针头,而使针的顶端碰水,稍微动一动,然后在不让水溅跳的情况下,迅速放手。就这样,一支、两支、三支……

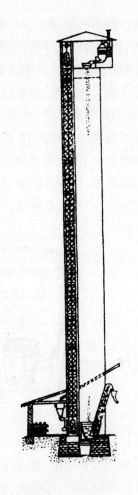

图42 塔式散弹的制造过程

针逐渐掉进杯底,但水位未曾改变。接着,放进10支、20支、30支针,仍不见有水溢出来。我们继续添加大头针,直到100支,仍旧不见水溢出来。

不但水没溢出来,而且酒杯边缘上的水,也没有凸起的现象。因此,我们继续投入大头针,数量增加到200支、300支,甚至400支。有趣的是,纵然已增加到400支,仍没有一滴水溢出杯外,但酒杯边缘部分的水会高出一点,水面也有相当大的凸起。水面之所以凸起,原因是酒杯附着一些脂肪,杯沿不致被水弄湿。这与日常生活中使用的食器相同,由于边沿部分常用手触碰,所以会有脂肪附着。当我们放进大头针时,增加的水无法弄湿附着脂肪的杯缘,从而造成水面隆起。用眼睛观察,一支大头针实在太小了,若计算一下一支大头针的体积,你会知道,一支大头针的体积与水面凸起部分的体积相比,大头针的体积只是凸起部分的几百分之一而已。因此,就是在盛满水的酒杯中投进数百支大头针,水也不可能溢出来,而且酒杯愈大,能容纳的大头针也就愈多。

图 43 装满水的酒杯能容纳多少大头针

为了探究真实的情形,不妨做个粗略的计算。假定大头针长约 25 毫米,直径为 0.5 毫米,那么体积就为 5 立方毫米,纵使针头部分也列入计算,充其量 5.5 立方毫米。

现在,计算酒杯中水面凸起部分的体积。假定酒杯的直径为 90 毫米,酒杯中水的面积就为 6400 平方毫米。如果凸起部分的水层厚度为 1 毫米,体积就为 6400 立方毫米。这体积是大头针体积的 1200 倍。由此可知,盛满水的酒杯可以容纳 1000 支以上的大头针。

8. 灯油的有趣特性

近年来科学发展迅速,油灯早已被时代淘汰了,即使到古董店中寻找,恐怕也不容易找到了。凡是使用过油灯的人,都知道灯油有一个特性,就是灯油极会渗透。我们在油槽内装满灯油,将油槽外侧用布擦干净,经过 1 小时,油槽外侧又会沾满灯油。

这是由于槽口没关紧,所以灯油会沿着玻璃向上爬,一直爬到油槽外侧。要防止这种现象,只有把槽口关紧。

像这种灯油渗出的现象若是发生在使用灯油(或石油)引擎的船只

上,就会发生非常不愉快的事情。此外,除非轮船有特殊装置,否则不能输送灯油或石油等商品。因为灯油或石油能从肉眼看不见的小空隙渗出,跑到油罐外到处流动,不仅会弄脏船员的衣服,还会散发令人作呕的气味。想预防这种现象发生,殊非易事。

英国幽默作家杰勒米,曾在其小说《小船里的三个人》中,对灯油作过如下的描述,他的描述一点都不夸张。

没有任何物质能像灯油一样四处渗透。把灯油放在船前端,它会毫不客气地渗透到后端,使得船上到处都能闻见它的臭味。不但如此,灯油还会扩散到水面,造成水面污染。换句话说,连吹过的海风都夹杂着油臭味,莫名其妙地从南极雪地或荒凉的沙漠吹过来,尤其是在想欣赏落日美景或晴朗夜空时,那挥之不去的油臭味最叫人难受了,甚至连你偶尔上街散步,油臭味都不会放过你。(这是因为在船上时,油臭已经渗入衣服,所以无论走到哪里都闻得到油臭味)

如果你认为灯油能渗透金属或玻璃,那你就大错特错了。这错误观念的产生,是因为油灯外侧较容易被灯油污染的缘故,并不是因为灯油真能渗透玻璃。

9. 浮在水面上的硬币

这情形可能出现在儿童故事中,也可能发生在实际的生活里。只要做几个简单的实验便可清楚。还是以针为例拉开序幕吧!一般人都认为钢针不可能浮在水面上,但要让它浮起来并不困难。首先,把干燥的钢针放在纸片上,使纸片沉入水中,从而使钢针浮在水面上。做法如下:用针头把纸片边缘弄湿,使纸片稍微没入水中,这时,水会逐渐渗入到纸片中央,弄湿整张纸片,纸片便会沉没到水底,留下钢针浮在水面上。最后,我们将磁铁靠近杯口,沿着茶杯外缘移动,随着磁铁的移动,钢针也会改变其位置。(图44)

动作熟练后,不必用纸片,一样可使钢针浮在水面上。我们用手指捏住钢针的中点,保持水平,将钢针从靠近水面的地方轻轻放下去即可。

不用钢针,用小别针(直径必须在2毫米以下)也可以,甚至可用轻的纽扣或薄的金属片。动作娴熟时,硬币都可以。

钢针之所以能浮在水面的理由之一，是因为它曾被我的手摸来摸去，表面附着一层脂肪，所以不致被水弄湿。浮在水面上时，如图44上图所示，钢针旁的水面会凹下。凹下的水面由于想恢复原有的状态，所以就会拼命地把钢针往上推，从而支撑了钢针。另一方面是因为有阿基米德定律中的排水力支撑的缘故。因此，钢针就会凭借与排水力相同的力，被水托住。

倘若将钢针涂上油，实验做起来就更容易了。即使将钢针与水面呈直角放上去，也不会没入水底。

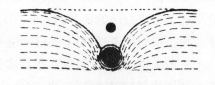

图44　浮在水面上的钢针。上图为直径2毫米的钢针放在水面上，使水面凹下的剖面图（扩大为2倍）；下图为使钢针浮在水面上的方法

10. 筛子能运水吗

用筛子运水，不仅可在故事书中看到，实际生活中也可能做得到。只要熟悉物理学，这种自古以来就被视为不可能的事也能发生。将一个筛孔不太大（约1毫米）、直径约15厘米的金属筛子放进溶蜡

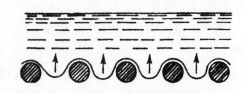

图45　筛子涂蜡后不会漏水

中再拿出来，这样一来，在筛子的铁丝上，就附上一层肉眼几乎看不见的蜡膜。

虽有蜡膜附着，但筛子上仍会有许多针眼一般大的小孔。现在，我们就用这种筛子来运水。只要避免振动筛子，筛子就可容纳相当多的水

而不致外漏。为什么水不会从筛孔中漏出来呢？因为水会被蜡膜排斥，在筛孔上形成微凸的极薄的水膜。（图45）同时，涂蜡后的筛子还可浮上水面。换句话说，筛子不仅可以用来搬运水，还可以浮在水面上。

一般来说，对于日常生活中许多司空见惯的事，我们是不会考虑它们的原因的，但若是探究起来，现实中的许多现象是可以用以上的实验来说明的。例如在水桶或小船上涂抹树脂，在木栓上涂油，在画板上着油彩，在布料上加涂一层橡胶，这些工作的主要目的都是防水，其原理都与上述实验的原理相同。

11. 工业用气泡

使钢针或硬币浮上水面的实验的方法和原理与工业上一种选矿所用的方法和原理十分相似。选矿的方法很多，和硬币实验相关的叫作"浮游选矿法"，这种方法的优点是适用于其他方法失效的场合。

浮游选矿的方法如下：将矿石弄碎，和水、油一起放进槽内。包含有效成分的矿石小颗粒就会被一层稀薄的油膜包起来，不致被水弄湿。这时，在这种混合液中吹入空气，再用力搅拌，就会产生无数个小气泡。被稀薄油膜包裹的小矿粒就会附着在气泡上，像氢气球一样，和气泡一起浮上水面。（图46）

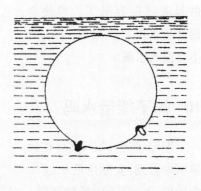

图46 浮游选矿的原理

另一方面，未包含有效成分的颗粒，就不可能被油膜包起来，容易被水弄湿而留在液体中。此外，由于气泡的体积比矿粒大，所以能使固体的小矿粒浮上水面。这么一来，大部分矿粒都会进入浮游槽表面的气泡中，我们只需收回气泡，进行下一道工序，便可得到高级精矿石。

现在，技术上已有相当的改进，进行浮游选矿时，只要加入合适的选矿剂，就可将目标中的矿物成分从各种矿石中分离出来。

浮游选矿的技术，并非是理论上推导出来的，而是从偶发事件中得到的。19世纪末期,有一位美国小学女教师,名叫凯莉·艾巴瑟。有一天,当她想清洗原本装黄铜矿的沾满油污的袋子时,她发现黄铜矿的小颗粒能附着在肥皂泡上而浮在水面上。这个偶然的发现就成了浮游选矿新技术的起源。

12. 虚假的永动机

曾经一度,如图47所示的装置被视为真正的永动机而轰动一时。放在容器中的油(或水),会沿着油灯芯跑到上方的容器内,然后再用同一方法,从这个地方跑到另一个更上方的容器内。在最上方的容器内,有一支供油流动的管子,油便从管子滴落到轮车的轮翼上,从而推动轮车旋转。当轮车旋转时,滴落的油再次沿着灯芯爬到最上方的容器里。反复进行的结果是,只要油能继续流动而不中止,轮车就会永远不停地旋转。

图47 虚假的永动机

把这种装置写在书上的作者,如果能实际制作这种机器,他便能亲眼看到,轮车不但不会旋转,而且连一滴油都不可能爬升到上方的容器中。其实,无须实际装配也能得到上述的结论。这种永动机的发明者为什么会认为灯芯弯曲部分能使油从下往上流呢?液体必

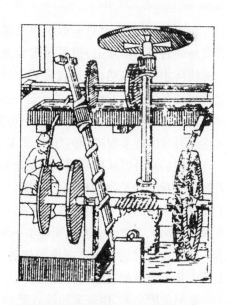

图48 靠水力运转的"永动机"

须依靠毛细管,才能克服重力,沿着灯芯往上爬升,同理,液体会被保留在灯芯的孔隙中,而不会从灯芯上滴下去。假如依靠毛细管,液体能被送到最上方的容器内,那么,运送液体的灯芯同样也能将液体送往相反方向,也就是由上往下送。事实上,这种推论并不正确。

提到永动机,又让我想起一件事,就是 1575 年意大利机械技师史特达发明的用水力运转的"永动机"(图 48)的事。史特达的机器构造如下:螺旋一面旋转,一面将水送往上方的水槽,水从槽内经过水管滴落下来,打到水车的轮翼上,推动水车旋转。水车的旋转带动研磨盘旋转,同时,齿轮将水送往上方的槽内,推动螺旋旋转。螺旋推动水车,水车推动螺旋……这就是永动机持续转动的原理。

假如这种永动机可以具体化的话,那么下述更简易的"永动机"就可制造出来了。我们把绳子挂在滑轮上,在绳子两端悬挂上相同重量的砝码。当左边的砝码降低时,右边的砝码便会升高;当右边的砝码上升时,左边的砝码也会下降。如此反复进行,便会产生所谓的"永久运动"了。

13. 肥皂泡的科学

表面看来,制作肥皂泡似乎很简单,其实不然。我本来也认为这是轻而易举的事。实际上,想要做出大而漂亮的肥皂泡,必须具备相当熟练的技巧才行。当然,这是我后来才知道的。或许读者又有疑问,难道肥皂泡真有这么大的价值?关于这一点,物理学家有其独特的看法。例如英国著名的物理学家卡本特有一句名言:"好肥皂泡好观察。肥皂泡可连续引导出许多物理学的规律,就是研究一辈子也研究不完。"

物理学家可以从肥皂膜表面的七彩变化测定光的波长,可从泡膜的表面张力看出粒子间的作用力。换句话说,肥皂泡可用来说明内聚力。下面我要介绍的几个实验,告诉大家一些有关制造肥皂泡的有趣知识。英国物理学家卡里士·波里斯写了一本《肥皂泡》,专门介绍有关肥皂泡的各种实验。对这方面感兴趣的读者,不妨读读此书。在这里,我只介绍其中几个简单而有趣的实验。

要制作肥皂泡,用普通的洗衣肥皂就可以了(香皂反而不好),但想做出又大又美的肥皂泡,必须得用纯橄榄油制的肥皂或扁桃油制的肥皂。把肥皂切成小片状,溶解于冰凉的纯水中,制成高浓度的肥皂水。水用纯净的雨水或雪水,如果两者均无,可改用凉开水。为了使肥皂泡不至于立即消失,且能长久保持原状,蒲雷德在肥皂水中加入了肥皂水体积三分之一的甘油。肥皂水制成后,先用汤匙将表面的水泡去掉,再将黏土制的管子插入肥皂水中。在管子插入之后,必须在管子的末端的内外侧涂一点肥皂水,假如使用末端有十字形缺口、长 10 厘米的细管,同样也能获得良好的效果。

至于肥皂泡,则可用如下的方法制作。在管子末端附上一点肥皂水后,让管子保持竖直状,再轻轻地吹。这时,由于肥皂泡内的气体是来自人体肺部的暖空气,所以肥皂泡会比屋中的空气轻,一经形成,便会立即升空。

能产生直径 10 厘米的肥皂泡的肥皂水才算合格。假如无法形成那么大的肥皂泡,就必须再加入肥皂片,使之溶解,一直调到能吹出那样大的肥皂泡为止。但是,这还不够,等肥皂泡形成后,我们将手指浸入肥皂水中弄湿,再用手指刺入肥皂泡,如果肥皂泡不破,才算通过。假定肥皂泡破了,那就得再增加肥皂水的浓度了。

做这种实验时,室内的光线要好,而且实验必须慢慢地进行,否则就很难观察到肥皂泡颜色的变化。

配制肥皂水顺利完成后,我们开始实验吧!

含花的肥皂泡

在碟中盛上肥皂水,深 2~3 毫米,再在碟子中央放上小花或小花瓶,用玻璃漏斗盖起来。然后一面从漏斗的细管吹气,一面将漏斗慢慢拿起来,这样就会产生肥皂泡。等肥皂泡变得够大以后,如图 49 右上图所示的那样,倾斜漏斗,把肥皂泡的下半部分除掉。这样一来,闪烁七彩的肥皂泡就制成了。这种半透明、半球形的帽状肥皂泡,刚好盖在小花的上方。

我们不用小花,而改用某种小人,同样可在小人的头顶加上一个小肥皂泡。事先,必须将少量的肥皂水滴在小人的头上。当做好大肥皂泡并将小人放进肥皂泡中后,再用管子插进大肥皂泡,在大肥皂泡中吹出小肥皂泡。(图 49 右下)

数层的肥皂泡

用与前实验相同的漏斗做出半球形的大肥皂泡。然后,把细管插进肥皂水中再拿出来,向已完成的肥皂泡膜刺进去,使细管前端深入到肥皂泡的中心。等准备工作完成后,一面将细管慢慢抽出来,一面在肥皂泡中心,形成最初的第二个小肥皂泡。以同样的方法,连续做第三个、第四个……肥皂泡。(图49左下)

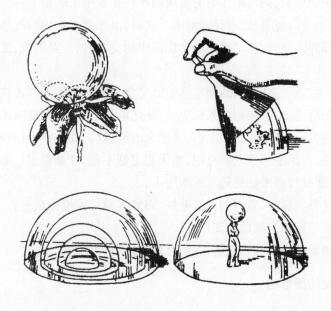

图49　各种肥皂泡的做法

圆筒形的肥皂泡

这种肥皂泡(图50)的制作,必须有两个铁环。

先在下铁环上做一个普通的大肥皂泡,然后在肥皂泡上方放置另一个被肥皂水弄湿的铁环,再将铁环拿起来,便可拉长肥皂泡而得到圆筒形肥皂泡。奇妙的是,如果将上铁环拉得比铁环圆周长更高时,肥皂泡在圆筒底端的一半就会愈缩愈小,而上端的另一半就会膨胀,最后变成两个肥皂泡。

在肥皂泡膜上有张力作用,所以会对内部的空气产生压力。先做好肥皂泡,将管口对准烛焰,便可看到看起来非常薄的肥皂泡,力量却也是十分惊人的,因为你将看到烛焰向一边倾斜。(图51)

图50　圆筒形肥皂泡的制法

图51　肥皂泡中的空气因肥皂泡膜上的张力而被挤压出来

肥皂泡从温暖的房间进入寒冷的房间时会缩小,反之则会膨胀。这是由于肥皂泡中的空气热胀冷缩的缘故。以体积 100 立方厘米的肥皂泡为例,当它从 $-15℃$ 的房间进入 $15℃$ 的房间时便会膨胀,体积会增加 $100×30/273$,约达到 110 立方厘米。

一般人都以为肥皂泡很快就会破,其实这是错误的认识。因为做得好的肥皂泡,最长可保存 10 天。例如首次使空气液化成功的英国物理学家詹姆斯·鲁尔,用了一种特殊的能防止尘埃侵入以及干燥空气冲击的瓶子把肥皂泡保存了一个月。此外,美国物理学家劳伦斯,在玻璃缸内保存肥皂泡,时间更长达一年以上。

14. 什么东西最薄

或许知道答案的人不多,肥皂泡膜是我们肉眼可见的最薄的一种东西。常听人说"像毛发一样细"或"像纸一样薄",但若与肥皂泡膜相比,真可谓是小巫见大巫了,因为肥皂泡膜的厚度只有毛发的五千分之一。

人类毛发的直径的 200 倍约为 1 厘米,但肥皂泡膜的 200 倍,肉眼却看不见。要使肥皂泡膜的剖面看起来像一条线,就必须再扩大 200 倍,也就是 4 万倍才行。若扩大同样的倍数,毛发的直径恐怕已超过 2 米了。图 52 便是各种物体薄厚的比较。

在大而平的碟子上放一枚硬币,然后倒一些水,水深恰好能淹没硬币即可。你的手能不沾水而顺利地取出水中的硬币吗?

乍看之下,似乎不太可能,但用着火的纸片和茶杯,做起来就十分简单。首先,把着火的纸片丢入茶杯中,然后迅速将茶杯颠倒过来,盖住碟中的硬币。当火熄灭时,杯中就会充满白色的烟雾,碟中的水因此被完全吸到茶杯中。当然,硬币仍旧留在原处,等水完全干燥时,便可顺利取出硬币了。这时,你的手不是干的吗?

能把水赶进茶杯而保持固定高度的究竟是什么力量呢? 答案是大气压力。由于纸片在茶杯中燃烧,杯中的空气被加热而压力增大,导致

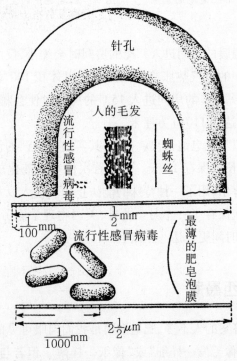

图 52　各种物体的薄厚比较

杯中的部分空气跑到茶杯外。当火熄灭后,杯内的温度会降低,压力也会随之降低,因此,杯外的空气压力促使碟中的水进入茶杯中。

不用纸片,如图53所示,改用插在软木上的火柴棒做实验,结果也是一样的。

早在公元前1世纪时,拜占庭帝国的菲萨就曾做过这种实验,并且有详细的说明。尽管如此,至今有些人依旧持有一种错误的看法。他们认为空气减少的理由是"氧气已被烧尽"。事实上,茶杯之所以吸收水,是因为空气被加热,着火的纸片会消耗一部分氧气,但还不能算是主要原因。纵使不用着火的纸片,而将茶杯放进热水中加热,也可获得与上述实验相同的结果。由此可见,前面所讲的理由是正确的。

若是还有怀疑的话,改用吸满酒精的棉花试试看。由于棉花燃烧得较久,能使茶杯中的空气达到较高的温度,从而在杯中的空气冷却后使水上升到茶杯的一半高度。相信大家都知道,氧气约占空气的1/5,也就是说,即使氧气完全燃烧后,水也不可能上升

图53 不弄湿手指而取出水中硬币的方法

到茶杯的一半高度。最后,还有一点不可忽略,就是氧气燃烧之后,会产生二氧化碳和水蒸气,虽然二氧化碳能溶解于水中,但水蒸气会留在杯中,补上消耗掉的氧气的部分体积。

15. 喝东西的原理

喝牛奶时,把装牛奶的杯子或汤匙送到嘴边,从而使牛奶流入嘴中。但是,为什么牛奶会流入嘴中?又为什么牛奶会被吸进嘴中?

理由很简单。当我们要喝水或牛奶时,自然就会鼓起胸腔,从而使嘴中的空气压力降低,结果,牛奶或水就靠着较高的大气压力被吸进压力较低的嘴中。这时,所进行的过程和U形管的原理相同,如果U形管一端的上方气压降低,另一端的水面便会因大气压力而下降。相反,喝

水时,假如紧紧封住瓶口,不论你花多大力气,瓶中的水也不会流进口里,因为在这个时候,口中的空气压力和瓶中的空气压力相等。

严格来说,喝饮料时,并非纯粹只依赖嘴巴,而且还需动用肺,也就是说,肺的膨胀才是液体吸入口的主要原因。

16. 改良的漏斗

大家一定都曾使用过漏斗将液体顺利倒进瓶子内,但除非你将漏斗稍微抬高,否则液体不可能从漏斗顺利地流进瓶中。液体之所以不流进瓶子,就是由于瓶内空气被漏斗紧紧压着,没有出口,促使压力增加,所以不可能让漏斗中的液体流进去,当然,可能会有少许液体滴入。这时,只要把漏斗稍微抬高一点,让瓶中的空气逸出来,液体就能顺利地流入瓶内。为了避免漏斗和瓶口贴得太紧,现在的漏斗管口部分都做有细小的皱纹,目的是让液体顺利地流进瓶内。

17. 一吨木材和一吨铁谁重

"1吨木材和1吨铁哪个较重"这问题,常听人在闲聊或开玩笑时提出来。假如你毫不思索,脱口而出"当然铁比较重",那一定会引起哄堂大笑。如果你答1吨木材较重,那一定也会被人笑,可是这个回答看似极不合理,但严格说起来,这个回答却是正确的。

阿基米德定律不仅适用于液体,也同样适用于气体。空气中的一切物体,能排开与本身体积相同的空气,从而使自身的重量减轻了同体积气体的重量。无论木材或铁,都会失去本身一部分重量,因此,要计算真正的重量,就必须加上减轻的部分重量。由此可知,木材的真正重量是"1吨木材的重量加上相当木材体积的空气的重量的总重量",铁的真正重量则是"1吨铁的重量加上相当铁体积的空气重量的总重量"。

但是,1吨木材的体积比1吨铁的体积大(约15倍),所以1吨木材的真正重量要比1吨铁的真正重量重。更准确地说,在空气中1吨重的木材的实际重量,比在空气中1吨重的铁的实际重量大。

1吨铁的体积为1/8立方米,1吨木材的体积为2立方米,1吨木材所排开的空气的重量约为 2.5 千克,这就是 1 吨木材比 1 吨铁重的原因。

18. 没有重量的人

物体一旦从重力的枷锁中解放出来,就会变得比蒲公英的种子还轻,甚至比空气更轻,而且可自由自在地在高空中飞翔,这不正是许多人童年的梦想吗? 一般人都比空气重,所以能在地面上自由活动。意大利物理学家托里拆利曾说,实际上"我们可说是生活在空气海的海底"。假如我们的体重突然由于某种因素而变成原来的千分之一,比空气还轻,自然就会上浮,一直浮到稀薄空气的密度和我们身体的密度相等的地方,大概会上升好几千米,于是我们就可以在高山或山谷的上空自由自在地跳来蹦去。然而这仅是幻想,因为我们仍旧套着重力的枷锁,乖乖地当着大气的俘虏。

作家威尔斯便使用这种特殊情况作为科幻小说的一个题材。在小说中,有一个胖子绞尽脑汁让自己减轻体重,变得苗条轻盈。小说中另有一人有奇妙的处方,能使胖子变瘦、减轻体重。胖子听说有减胖妙方,立刻去拜访那个有处方的人。胖子回去依处方抓药服用。有一天,这个开处方的人去拜访胖子,当他到大门口时,被一个怪异的现象惊呆了,他描述当时的情景道:

大门许久不开,过了好一会儿,我才听到用钥匙开门和派先生(胖子)的声音。

"请进来。"

我闻声转动大门的把手,推门进去。按理说,我应该看到派先生才对。可是,奇怪的是我眼前什么也没有,派先生不知道跑到哪儿去了,只见书房的书摆放得很零乱。碟子和喝汤的盘子也乱放在书和笔记本之间,还有几张椅子翻倒在地,一切显得乱七八糟。我也检查过桌椅底下,就是不见派先生的人影。

"请把门关起来。"我又听到派先生的声音。闻声望去,我终于看见派先生了。

奇怪的是派先生竟然整个身子贴在天花板上,脸上满是惊恐与愤怒的表情。"派先生,你快抓紧横梁,否则掉下来,你的脖子会摔断的。"

"你认为有这可能吗?"派先生迷惑地问。

"像你这样的年纪,而且又那么重,怎么会热衷于这种体操呢?……还有,你为什么要跑到那么高的地方?"

但我仔细一看,发现派先生并没有使劲抓住横梁,他的身体简直像气球一样,浮贴着天花板。他也在不断挣扎,企图离开天花板,沿着墙壁走下来。他终于抓到墙上悬挂的匾额边缘部分。就在这一刹那,匾额落在了沙发上,而派先生的身体又迅速上浮,狠狠地撞了一下天花板。这时,我才明白他身上青一块紫一块的原因。最后,他又抓着暖炉管,沿着暖炉管小心谨慎地走下来。看他小心翼翼的样子,我笑了起来。

"药效好得太离谱了。我的体重几乎变成了零。"

直到此刻,我才明白事实的真相。

"派先生,你不是最怕胖而最喜欢瘦吗?你一直认为肥胖是因体重造成,好了,不笑你了。你等一下,我来帮你。"说着我抓住他的手往下拉。

派先生努力使自己贴在地板上,可是说什么也无法安定下来,只一味地在房中乱蹦乱跳,这情景看起来真是滑稽极了。

看来派先生自己被自己这种好像跳跃又好像舞蹈的动作弄得疲惫不堪,终于开口说道:"这张桌子看起来既坚固又沉重,请你把我推到桌子下,好吗?"

我依言将他压在桌子底下,但他一点都无法安静下来,就如同一个气球一样,左右摇摆不定。

"你很清楚,依你目前的状况,你无法做任何事。如果你跑到屋外去,恐怕会升到空中呢!"

既然事情已经如此,最重要的是使他习惯目前的情况。派先生天生灵巧,看样子,只要稍加练习,他也许能像壁虎一样在天花板上爬来爬去了。我委婉地把我的想法说了出来。可是,他却哭丧着脸说:"可是我怎么睡觉呢?"

其实,解决这问题并不困难,而且可立即办到。我把床铺上柔软的毛毯固定,用绳子绑住,毛毯和床单的两侧用纽扣固定。我告诉他,在房间里安置一个梯子,食品全部放在书橱上面。我们想出各种好办法,最后使派先生终于能随自己的心愿爬上爬下。在书架的最上端放上大本的百科字典,派先生只要拿着其中的两本,就可顺利地走下楼梯,到床上睡觉。

我在他家待了两天,用铁钉和铁锤为他制造了各种设备。

有一次,我坐在炉边喝威士忌(派先生仍在天花板上)时,我突然想到一个绝妙的主意。

"对了,派先生,这一切设备都不需要了,你只要在衣服里加穿一件铅制内衣就可以了。"我大叫着。

派先生听见我的话,激动得掉下眼泪说道:"可以买薄的铅板,缝在衣服的内侧,然后穿着鞋跟上有铅的长筒靴,再带上纯铅制的手提箱,这样一来不是万事 OK 了吗?我可以到国外自由旅行,也可以搭船,也不怕遭遇台风或触礁沉没。遇难时,只要把身上一部分或全部的铅扔掉,就不会遭受任何致命的威胁,而且可以在天空中自由自在地飞翔。"

乍看之下,派先生的事似乎合乎物理学法则,其实不然,小说内容有许多是谬误的。因为,纵使派先生的体重变成零,他也未必能浮到天花板上。根据阿基米德原理来判断,派先生若想浮上天花板除非他所穿的衣服的重量(包括衣袋中的全部东西)比他的身体所排开的空气的重量还轻,否则,根本办不到。人的体重和人体同体积的水重差不多。因此,和人体同体积的空气的重量应该很容易算出来。假定人的体重为 60 千克,与同体积的水重相同。普通密度的空气的重量约为水的七百七十分之一。由此可知,和人体同体积的空气的重量为 80 克。派先生再重,顶多也只有 100 千克,与其同体积的空气的重量也不过只有 130 克,如果再加上衣服、手表、钱包等的重量,必定在 130 克以上。所以派先生绝对不可能浮在天花板上,即使重量不到 130 克,派先生应该也能站在地上才对,除非派先生像刚出生时一样赤裸裸,否则不可能浮上天花板。

19. "永久"计时器

在前面已经介绍过几个"永动机",读者想必已经知道,要发明永动机是根本不可能的事。在这里所提的"免费"机器,其必需的能量取自大自然中的多种能源,而且是能进行半永久性工作的一种机器。相信每个人都见过水银气压计或无液气压计。水银气压计的水银柱会随气压的变化而改变高度。无液气压计的指针会随气压的变化而改变位置。18世纪,有一位发明家利用气压计的运动原理,制造出一种可连续运动的计时器,这个计时器完全不需要发条。英国有名的物理学家兼天文学家詹姆斯·霍桑,1774年看见这个计时器,作了如下的评价:"我对这种具有独特构造的气压计中的水银柱的上下连续运动很感兴趣。因此,我详细研究过这种计时器,从表面上来看,这种计时器似乎不可能停止。因为纵使把气压计完全拿掉,贮存在计时器内的原动力,还可使计时器持续运动达一年之久。无论是从构想还是从构造方面来说,这种计时器都是我这一生中所见的最精巧的机器。"

遗憾的是,这部计时器后来被人偷走了,至今下落不明。幸运的是霍桑所描绘的结构图被保存下来了,所以要再制造相同的计时器,不是不可能的事情。

计时器的主要构件是一个极大的水银气压计。木框上悬吊着一个大玻璃容器,容器的瓶颈伸入下方的大玻璃容器中。在下方的大玻璃容器内装有约150克的水银,上方容器的瓶颈正好可伸入下方容器的瓶口,使上方的容器能自由地上下运动。这装置巧妙地使用了杠杆原理:气压升高时,上方的容器会下降,下方的容器会上升,反之则反。这两种运动可使小齿轮朝同一方向不停旋转。只有气压全无变化时,小齿轮才会停止旋转。但此时,原来蓄积的砝码的下落能量可使计时器继续运动。实际上,在砝码上升或下降时,使计时器继续转动的这种装置,做起来并不容易,然而,当时的计时器技师却有充分能力解决这个难题。此外,如果气压的变化能量超过必需的量很多时,上升速度就会比砝码的降低速度快。因此,当升到最上端时,就需设置临时停止砝码下降的特殊装置。

这种计时器以及和计时器相似的"免费机器",与所谓的"永动机"的原理有些许差异。"免费机器"与"永动机"不同,并非自动制造能量,而是从大自然中撷取必需的能量。现在介绍的这种计时器,就是利用大气中贮存的能量的(大气中的能量来源于太阳能)。

五、热 量

1. 夏长冬短的铁轨

　　假如有人问:"连接莫斯科与圣彼得堡的铁路在 10 月份有多长?"

　　这时,可能会有人回答:"平均约 640 千米,夏季比冬季长约 300 米。"这种解答乍听之下好像很有道理。如果从头到尾只有一条铁轨,铁轨之间没有接口,那么铁轨在夏天时当然比在冬天时长,因为当温度上升 1℃时,铁轨的长度就会增加原长的十万分之一。在炎热的夏季,铁轨

图 54　铁轨因热胀而弯曲

的温度为 30℃~40℃,有时会更高,甚至可能烫伤你触摸铁轨的手指。在寒冷的冬天,铁轨的温度能降低到 -25℃。假定冬夏铁轨的温差为55℃,用铁轨的全长 640 千米,乘上 0.00001 与 55,答案为 352 米。由此可见,莫斯科到圣彼得堡的铁轨,夏天比冬天长 352 米。

当然,这里的变化并非指铁路的长度,而是指各条铁轨长度的合计。我们知道,铁路长度和铁轨长度并不相同,因为铁路上的各条铁轨并非完全紧密地连接着,两条铁轨之间往往留有一点空隙,以便在夏天铁轨被加热时能自由地伸展。由上面的计算结果可知,铁轨全长的合计要比考虑铁轨间空隙长度的合计长一点。换言之,炎热的夏季的铁轨比寒冬的铁轨伸长了 352 米。

2. 冬天会缩短的电线

每年一到冬天,莫斯科和圣彼得堡之间的一部分电话和电信的电线就会神秘地失踪。大家都知道,主犯便是严寒的天气。上面所提到的有关铁轨的事情也适用于电线。但是,在温度上升时,铜丝的伸长比铁丝的长 1.5 倍。电话线和铁轨不同,两节电线不可能留有空隙,因此,莫斯科到圣彼得堡的电话线,冬天比夏天短约 500 米的说法是有根据的。

每年冬天来临时,寒冷就会"窃取"约 500 米的电线,造成电话与电信上的混乱,直到温暖的季节,被"窃"的电线才会失而复得。

但是,在冬天,如果桥梁发生类似的缩短情形,就会造成不可挽回的损失。例如 1927 年 12 月的报纸上有这样一段报道:

今年和往年不同,寒流连日的侵袭,使得法国全境都受到了严重的影响。巴黎中心塞纳河上的桥被损坏。桥梁的钢架因寒冷而缩短,造成桥上的铺设材料浮升而支离破碎,所以这座桥暂时禁止通行。

3. 埃菲尔铁塔的高度

从前面的叙述可推知,埃菲尔铁塔的高度(300 米)在夏天和冬天也不尽相同,因为这种巨大的铁制建筑物无法在任何温度下都保持固定的高度。当温度升高 1℃ 时,长 300 米的铁棒就会增加原长的十万分之一,也就是 3 毫米,同理,当温度升高 1℃ 时,埃菲尔铁塔也会升高 3 毫米。夏季晴朗的天气,巴黎的埃菲尔铁塔的铁材温度会高达 40℃。气温较低的雨天则会降低到 10℃。在寒冷的冬天,铁材会降低到 0℃ 或 -10℃(在巴黎,降低到 -20℃ 以下的情形很少)。因此,温度变化的幅度为 40℃,有时还会大于这个数字,那么,埃菲尔铁塔的高度变化应为 120 毫米,也就是说埃菲尔铁塔最多可长高 12 厘米。

根据直接测定的结果,埃菲尔铁塔对温度的变化比空气的还敏感,即无论伸长或收缩,埃菲尔铁塔都比空气快。即使在阴天,太阳突然自云端露脸,铁塔的反应也比空气迅速。关于这方面的测定,可利用温度变化而长度不变的特殊镍钢丝来完成。

综上所述,在酷热的夏季,埃菲尔铁塔的顶端比在寒冷的冬季时升高了约 12 厘米。

4. 为什么热水会使玻璃破裂

将热水倒进玻璃杯中时,老练的主妇会先在杯中放一个汤匙,汤匙若是银制的则更佳。这虽然是日常生活中的普通常识,但究竟根据的是什么原理呢? 我不妨先解释为什么热水会使玻璃杯破裂的问题。

原因是玻璃的膨胀不均匀,所以会破裂。当热水进入杯子时,杯子的侧壁无法一下子全被加热。首先,侧壁内侧会被加热,而外侧仍保持着较低的温度,因此,内侧部分迅速膨胀,而外侧部分依然维持原状。在这种情况下,外侧会受到内侧的强压而被胀破。

有些人以为较厚的杯子不容易破裂,其实这是错误的认识。倒进热水时,厚杯子更容易破,薄杯子反而不易破裂。原因是薄杯子的外侧可以较快地被加热,使内外温度相等,膨胀均匀;相反厚杯子的外侧不可能较快地被加热,从而形成内外较大的温差,导致膨胀不均匀,杯子破裂。

但是,薄杯子侧壁薄还不够,杯底也必须要薄。因为,在倒进热水时,首先被加热的是杯底。如果杯底很厚,即使侧壁很薄也没用,杯子依旧会破。此外,底部附带着厚台的玻璃杯也比较容易破裂。

玻璃器皿愈薄,盛热水时就愈不易破裂。例如非常薄的烧杯,在杯中放水,直接用瓦斯炉来加热,也不会破裂。

加热时能完全不膨胀,这才是最理想的容器。目前,热膨胀率最小的是石英,其膨胀系数只有玻璃的1/5,甚至1/20。因此,透明的石英容器,无论你怎样加热,它都不会破裂,即使把加热成赤色的石英容器立即丢入冰水中,它也不会炸裂。石英的热传导力比玻璃大很多,这也是它不易破裂的另一个原因。

现在,热膨胀率小且能承受温度迅速变化的无水硼酸和二氧化矽合成的硼酸矽玻璃,或者石英玻璃制成的耐热容器、杯子和锅子,深受人们的欢迎。

玻璃杯不但在突然加热时不耐用,就是在突然冷却时也很容易破裂,理由是收缩不均匀。换言之,在冷却时,外侧已开始收缩,内侧却尚未收缩,外侧挤压内侧,从而导致破裂。所以,在把热果酱放入瓶中后,切忌将瓶子放进水中冷却。

说到这里,我再来分析杯中放进汤匙的作用。

加热时,杯子内侧和外侧的差异很大,尤其是一下子将热开水倒入杯中时。如果倒入的是冷水,就不会产生太大的差异,也就是说,杯子各部分的膨胀没有太大的差异,杯子就不可能破裂。然而在杯中放进汤匙,究竟有什么作用呢?因为在热水倒入热传导率低的玻璃杯时,汤匙会吸收一部分热量,假如汤匙是金属制成的,则是热的良导体,它能使热水的温度降低,使热水变成温水,在这种情况下,杯子当然不会破裂。接着,我们继续倒入开水,就不会有太大的危险,因为玻璃杯的温度只是升高一点点而已。

总而言之,将汤匙(尤其是大汤匙)放进杯中时,杯子会均匀地被加热,这样一来,就能避免玻璃杯破裂。

银匙为什么更好呢?因为银匙是热的良导体,吸收热水的热量比黄铜匙更快。如果把银匙放进盛热水的杯中时,忘记松开手指,手指恐怕会被烫伤。由此可见,银的热传导很快,相信大家都有过类似的经验。也可由汤匙烫手的程度来判断汤匙的材料是什么。几乎烫伤手指的是银匙,否则便是黄铜汤匙。

如果玻璃杯侧壁的膨胀不均匀,就会导致玻璃杯破裂,这种情况未必仅仅发生在玻璃杯上,测定锅炉水位的水位计也会发生类似的情况。水位计是一种玻璃管,它的内侧比外侧更容易受水蒸气或热水加热膨胀。由于管内的蒸汽和热水的压力大,玻璃管很快就会破裂。应该如何防止呢? 一般水位计的内侧和外侧是用不同的玻璃制成的,内侧的热膨胀率比外侧的小。

5. 泡过热水澡穿不进长筒靴

"冬天昼短夜长,夏天正好相反,为什么? 因为在冬天,一切物体都因寒冷而缩小,白昼也因寒冷而缩短,夜晚则因为有灯火,有蜡烛,比较温暖,所以夜晚变长。"

在俄国作家契诃夫的短篇小说《痴呆的退役下士》中,出现了这种荒诞的描述,看了叫人忍俊不禁。虽然我们觉得这十分幼稚,但是往往还有人坚持与之类似的可笑看法。在古代,有的俄国人认为,刚泡过热水澡后,脚会膨胀,所以穿不进长筒靴,这是多么荒唐啊!

当我们泡在浴缸里时,体温不会升高太多,通常在1℃以内,如果洗蒸汽浴,也不会超过2℃。人体不容易受周围的温度影响,能保持一定的体温,这就是人和哺乳动物被称为"恒温动物"的理由。

即使我们的体温增加1℃或2℃,身体体积的膨胀也是很小的,连自己也感觉不到,穿长筒靴当然毫无问题。人体柔软部分和坚硬部分的膨胀率,都在几千分之一以下,因此,脚板底面的宽度和小腿的直径,最多只会增加0.01厘米。这0.01厘米的增加,能影响穿长筒靴吗? 除非俄国人的长筒靴都太合脚了,合得连一根毛发都无法容纳。

我们在浴缸里泡过热水澡后,之所以穿不进长筒靴,跟脚的热膨胀完全无关。真正的原因是我们的脚充血,脚的表皮会吸收水分而鼓起,使得表皮扩张,无法穿进长筒靴。

6. 被揭穿的"奇迹"

因赫伦泉的发明而闻名世界的古希腊数学家赫伦,为了使埃及祭司博取民众的信任,制造了用机关控制的"奇迹"来欺骗民众,并记载于册,留传后世。

图 55 只是其中之一。在神殿的门前,有一个底下为中空的金属祭坛,在祭坛下面的地下室,藏着打开神殿大门的机关。在祭坛上点燃圣火,内部的空气就会因加热而膨胀,强压地板下容器中的水,水就会从容器中被压挤出来,沿着水管流进水桶,水桶因盛水而

图 55　用圣火开启的埃及神殿大门

下降推动使大门旋转的机关。(图 56)当时的信徒们并不知道地板下有巧妙的机关,只见眼前的祭司在祭坛上点燃火时,口中念念有词地祈祷几句,神殿大门就会立即开启。不懂窍门的人,目睹这"奇迹",自然会大吃一惊、深信不疑。

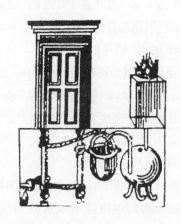

图 56　用圣火开启神殿大门的机关

图 57　油自动掉进祭坛的机关

图 57 也是埃及祭司制造人为"奇迹"的机关。当祭坛上的圣火开始燃烧时,祭坛内部的空气就会因加热而膨胀,把油从下面的油槽中挤压到神像体内的油管中,这时,油就会滴入火中,使火继续燃烧,信徒便视为"奇迹"。但是,假如管理祭坛的神官偷偷拔掉油槽盖的栓子,油就不可能流出来,圣火也会自然熄灭(膨胀空气的一部分,会自栓孔跑到外面,导致油槽内压力降低)。因此,一旦信徒们的供品太少,祭司就会变

这种戏法欺骗信徒,让他们多带一些供品。

7. 古代的自动计时器

前面已经说明了利用大气压力变化而无发条的自动计时器。现在我们再来介绍利用热膨胀的自动计时器。

图58为计时器的构造图。主要部分为 Z_1 棒和 Z_2 棒,是由膨胀系数很大的特殊合金制成。当油加热时, Z_1 棒伸长,使爪轮 X 旋转,也就是调整 X。当温度降低时, Z_2 棒会收缩,作用于爪轮 Y,让 Y 做同方向的旋转。X、Y 二爪轮都套在轴 W_1 上,随着 X,Y 的旋转,轴 W_1 也会旋转,从而带动挂着许多水桶的大轮旋转。随着

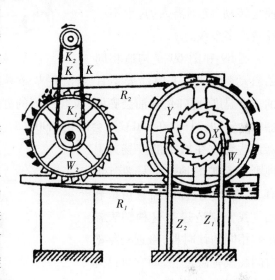

图 58 古代的自动上发条的计时器

大轮的转动,这些水桶会将 R_1 管中的水银汲起,移到上方的 R_2 管中,水银从 R_2 流向左方附带水桶的轮,如同水车一般,使水银流入轮上的水桶中,使左车轮旋转。由于 K_1 轮和 K_2 轮用链条 KK 连接,所以当 K_1 轮旋转时, K_2 轮也会随之旋转,从而卷紧计时器的发条。

同时,从左轮水桶中掉落的水银,又沿着倾斜的 R_1 管,流回右轮,再进行前述的运动。

这个机关,只要 Z_1 棒和 Z_2 棒能不断地收缩和伸长,计时器的发条就会自动卷紧,因此,只要气温有升高或降低的变化,发条就会被卷紧。这些程序无需手动,能自行调节。简言之,即使气温稍微有些改变, Z_1 棒、 Z_2 棒伸长和缩短的速度很慢,但只要不停运动,发条一样也会被调整好。

然而,这计时器并不是"永动机"。它虽然会因磨损而松弛,但由于

利用了周围的空气的热量（来自太阳能），因此可进行半永久性的运动。热膨胀的功，会在计时器内一点点地贮存下来，消耗在转动计时器的指针上。这计时器称得上是免费机器，因为要使它转动，既不需人力，也不必花费许多金钱。

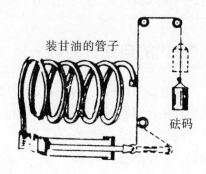

图59　古代自动上发条的钟表构造

图59和图60是构造相同的自动计时器，主要部分是甘油。当温度升高时，甘油会膨胀，拉起左侧的砝码，当砝码下降时，计时器就会转动。甘油在−30℃时会硬化，290℃时会沸腾。因此，这种计时器最适合放在城市的广场或其他野外空旷的地方。只要气温有2℃的变化，计时器就可以转动。我曾制造过与这种钟表器形状相同的计时器，将近一年的时间我没有碰过它，而它自己却能持续运动，未曾停止过。

利用相同的原理，制造更大型的机器，究竟合不合算呢？乍看之下，这种免费机器似乎很经济，但只要稍加计算，便知并不经济。普通的计时器要转紧发

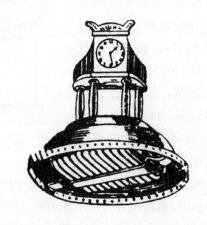

图60　古代自动上发条的计时器

条，使之运行一昼夜，约需1.4焦耳的能量，亦即每秒钟约需1/60000焦耳的能量（功率）。若以马力（等于735瓦）来计算，一座计时器的功率只有1/45000000马力。换句话说，无论是起初的膨胀棒自动计时器还是现在的自动计时器，若以每台1戈币（Kopeika）的花费来计算，那么1马力的投资就是：1戈币×45000000＝45000000戈币＝450000卢布

也就是说，1马力约需50万卢布，这样的花费怎么谈得上合算呢？

六、热能

1. 香烟的实验

在火柴盒上放一根装着香烟的烟管,把香烟点燃,你会看到两端都会冒烟。(图 61)从烟头这一端冒出来的烟会往上跑,而从另一端冒出的烟则会往下跑,这是为什么呢? 乍看之下,觉得不可思议,其实道理很简单。因为,点火的这端附近的空气一经加热,便产生了上升气流,于是烟头

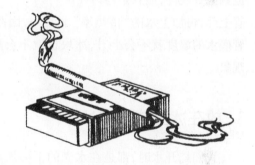

图 61　香烟冒出来的烟,一端往上跑,另一端却往下跑,这是为什么

所冒出的烟里所包含的粒子就会被上升的气流卷进去,往上飘。相反,从管口那边冒出来的烟,因为管口附近的空气是冷的,再加上里面的粒子比空气重,所以,从这一端冒出的烟自然就往下跑了。

2. 不会在热水中融化的冰块

在一根试管中注入八分满的水,然后放进一块冰,并用某种东西把冰块压住,使冰块沉在试管底部。不过,水要能在冰块的四周自由流动。然后,如图 62 所示,把试管倾斜地放在酒精灯或瓦斯灯的火焰上,将试

管的上半部分加热,一直加热到试管中的水沸腾为止。这时,我们会发现一个很奇怪的现象——沉在试管底部的冰块竟然没有融化!为什么会出现这种现象呢?因为试管底部的水完全没有沸腾,仍然是冷水。换句话说,冰块并不是"热水中的冰",而是"热水下的冰块"。

当水被加热时,就会膨胀而变得比较轻,较轻的水当然不会流到试管底部,而只是停留在试管上部,再加上水的"传热率"非常小,因此"热"很难传导到试管底部,管底水的温度就不会上升,冰块也就不会融化,从而出现了上述奇怪的现象。

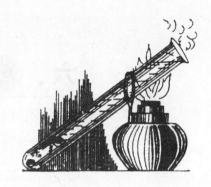

图62 试管上部的水沸腾着,而管底的冰块却不融化

3. 放在冰上或放在冰下

我们烧开水时,都是在水壶的下面加热,这种从下面加热的方法是正确的。因为空气受热后,就会变得比较轻而沿着水壶往上跑,所以,把要加热的物体放在火焰上面是利用热源的最好方法。

但是,如果要使用冰块来冷冻物体的话,该怎么做呢?通常,很多人都把要冷冻的东西,例如汽水、可乐等,放在冰块上面,这种做法是错误的。因为,冰块上方的空气受冷后就会往下跑,而下面较热的空气则会流到上面去,所以要冷冻的饮料或食品不应该放在冰块上,而是应该放在冰块下。

这个道理很简单,我们举个实例来说明。我们要冷冻一瓶牛奶,若把它放在冰块上面的话,就只有瓶底的部分会被冷冻,而其他部分仍未被冷冻。反过来说,如果把冰块放在牛奶上面的话,瓶子上面的牛奶就会先被冷冻,变重而往下跑。这时,下面较温暖的牛奶就会往上跑。这种循环过程会一直持续到全部的牛奶都被冷冻了为止,而且,冰块周围的空气也会作同样的循环。这就是放在冰块下面的牛奶很容易冷冻,而放在冰块上面的牛奶只有瓶底是冰凉的主要原因。工厂中的冷冻库也是依照上面的原理建的。

4. 窗户关得好好的

窗户关得紧紧的而且没有什么空隙,风却会吹进来!乍听之下,似乎有些不可思议,可仔细一想,你会发现道理很浅显。

因为房间里的空气并不是静止的,而是不断流动的。当空气受到各种因素(如暖气机、壁炉等)而被加热后,就会膨胀,变得比较轻,于是便朝着天花板的方向跑,而窗户附近渗进来的冷空气相对比较重,于是便朝着地板方向往下流动。所以,实际上并非有冷风吹进来,只是房内的冷热空气交替循环罢了。

如果我们用气球来做实验的话,房间里这种看不见的空气流动就可一目了然了。不过,为了避免气球太轻,我们必须在气球下面悬挂一个小坠子,让气球能随着房间里的空气流动而自由地运动。把气球从暖气机的旁边放出去,我们就会看到气球随着气流而移动,先从暖气机旁移到天花板,再从天花板移到地板,随后又移上去……就这样随着气流移上移下。

所以,在冬天,即使我们把窗户关得紧紧的,我们似乎也能感到有风吹进来。

5. 奇妙的纸风车

拿一张很薄的正方形纸片对折两次,然后把纸片展开,折痕的交叉点便是纸片的重心。再拿一根针顶在纸片的重心上,纸片便会被针很平衡地顶住。如果我们在旁边轻吹一口气,纸片就会开始旋转。

如果我们不吹气,只是把手移近纸片(注意:手不能移动太快,以免空气振动太厉害,把纸片抖了下来)如图63所示,会有什么现象出现呢?这时,你会看到一个奇特的现象——纸片开始慢慢地旋转起来,而且旋转的速度愈来愈快。当你把手拿开时,纸张便静止下来了。如果你再把手伸过去,纸片又会开始慢慢地旋转起来。

在 19 世纪 70 年代,科学还不够发达,一些喜欢故弄玄虚的人便认为这种现象是人体所具有的一种超自然的力量导致的。事实上,这种现象一点儿也不神秘,它的道理很简单,因为空气受了我们手温加热的缘故,纸片旁边的空气便会往上跑,这种上升的空气能推动纸片旋转。如果我们再拿一张纸片,把它剪成螺

图 63　为什么纸片会旋转

旋状,然后拿到烛火或电灯上,这螺旋状的纸片也会自己旋转,这两者道理是完全一致的。

认真的人可能会发现,纸片是朝着一定方向转动的,就是从手腕方向朝着手指方向转动,这是因为手各部分的温度不一样的缘故。也就是说,手指前端的温度比手掌部分的温度低,所以,手掌附近的上升气流就比手指附近的上升气流更强,纸片才会一直从手腕方向朝着手指的方向旋转。

6. 外套能保暖吗

如果我说外套并不能使我们的身体增温,或许有人会认为我在开玩笑。为了证明我所言不虚,我们不妨来做一个实验。

先看看温度计现在是几度,然后用外套把它包起来,过几小时后,再看看温度计,你会发现温度计上指示的温度值并没有升高。由此可见,外套并不能增加我们的温度。我们可以再做一个实验,看看外套会不会增加温度。先准备两个瓶子,在两个瓶子里都放入冰块,然后把一个瓶子用外套包起来,另一个随便放在桌上。过一会儿,等到放在桌上那只瓶子里的冰块融化到只剩一半时,再把外套打开,看看里面瓶中的冰块有没有融化。结果你会发现,这瓶中的冰块几乎没有融化。由此可见,外套不但不会增加瓶子的温度,相反,会减缓瓶内冰块的融化,甚至使冰

块像留在冷冻瓶里一样。

既然外套不能增加人体的温度,为什么我们穿了外套会觉得比较温暖呢? 道理也很简单,柴火或暖气机都能温暖我们的身体,因为它们都是热源,但外套并不是热源,所以它也就不能增加我们身体的温度。我们穿了外套之所以会觉得比较温暖,是因为人是一种温血(恒温)动物,也就是说,人体本身就是一种热源,如果穿了外套的话,可以使我们身体的热量不会向外扩散,所以我们才会觉得比较温暖。

同样的道理,一般粉状的东西也和外套一样,是热的不良导体,也具有保温的作用,因此,地面若积满了雪,热就很难散发掉。关于这一点,我们只要用温度计来测量一下,就会很清楚的。一般来说,雪面下土壤的温度比没有雪覆盖的土壤的温度要高 10℃。

所以,外套是不能增加人体温度的,我们只能说外套有保温作用,换句话说,"不是外套温暖了人体",而是"人体温暖了外套"。

7. 地下世界的四季变化

如果地上是夏天时,地下 3 米的地方是什么季节呢? 也许你会认为也是夏天,那你就错了。事实上,地表上的四季变化和地表下的四季变化是完全不同的。例如北纬 60 度的俄罗斯第二大都市——圣彼得堡,无论天气多么寒冷,埋在地下 2 米深的自来水管也不会冻结。这是因为土壤不容易导热,所以地上的气温变化必须很久才能传到地下。例如,根据测量结果,圣彼得堡某处 3 米深的地下一年中最温暖的时间比地上迟了 76 天,最寒冷的时间比地上迟了 108 天。换句话说,假定地上最热的日子是 7 月 25 日,地下 3 米深的地方,最热的时候就是 10 月 9 日,如果地面上最寒冷的日子是 1 月 15 日,那么 3 米深的地方就要到 5 月中旬了。当然,离地面越深的地方,最热、最冷的日期也就越靠后了。

不但如此,而且离地面越深的地方,温度的变化也越小。如果到达地下某个深度,不但没有四季的变化,甚至几百年间的温度都没有变化。位于地底 28 米深的巴黎天文台的地下室,有一个保护得很好的温度计,这个温度计是 150 年前的法国化学家拉巴杰放置的。在过去的这 150 年之间,这个温度计上的温度指示未曾改变过,总是指在 11.7℃ 的地方。

对于上述这种状况的认识,对我们研究栖息于地下的动物(例如金龟子的幼虫)和植物的地下部分时,是非常重要的。例如在圣彼得堡附近,树根的细胞增殖时期和地表上树干的成长时期是相反的。当地表处于温度较低的季节时,根细胞的增殖活动就开始了,当地表处于较温暖的季节时,根细胞的增殖活动就停止了。

8. 纸锅

请看图64,盛满水的纸锅中放了一个鸡蛋,现在要在纸锅底下加热把鸡蛋煮熟。一定有人认为这是不可能的事,因为他以为纸锅一定会马上燃烧起来。我们可以做个实验来证明这是可能的。先用硫酸纸做成如图上所示的纸锅,然后用铁丝把它固定好,放在酒精灯上加热,一直加热到纸锅里的水沸腾为止。这时,你会发现,纸锅一点儿也没有被烧坏。这是为什么呢?因为纸锅里的水的热容量非常大,能吸收纸张的热量,使纸张的温度不会升到燃点。(如果把纸锅做成如图65所示的形状,纸锅就更不容易燃烧)

图64　用纸锅煮蛋

有些粗心马虎的人烧开水时往往忘了把水放进茶壶里,于是茶壶的焊锡就被烧熔了,这种笑话我们经常听到。但是,为什么焊锡会被

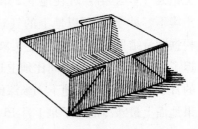

图65　不会燃烧的纸锅

烧熔了呢?因为,水壶里如果没有水的话,焊锡就必须吸收所有的热量,所以焊锡就熔化掉了;如果水壶里有水,水就会吸收焊锡所吸收的热量,焊锡就不会熔掉了。有一种旧式的捷克制的水冷式机关枪,就是利用水能吸热的原理来防止枪身被烧裂的。

如果我们用扑克牌做成一个小水箱,用刚才的方法来熔化封印用的铅(熔点为335℃),你认为可能吗? 这是可能的,不过,这时必须用火烧铅和纸所接触的部分才可以,因为铅的导热率很高,它能很快地吸收从纸张传过来的热量,所以,它还是会熔化的。

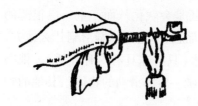 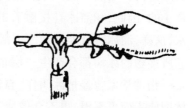

图66 纸带子不会燃烧　　　　图67 丝线不会燃烧

我们可以再做一个实验。(图66)用一条纸带子卷住粗大的铁钉或铁棒(如果用铜棒更好),然后把铁棒放在火上。这时,纸带虽然会被火焰熏黑,但是在铁棒被烧红之前,纸带子是不会被烧焦的。这是什么原因呢? 因为金属的导热率比较高,所以在纸带烧焦以前,铁棒先被烧红。如果我们改用玻璃棒来做实验的话,纸带就会先被烧焦。再像图67所示的,把丝线卷在钥匙上,然后放到火焰里,同样,丝线也不会被烧焦。

9. 冰为什么容易滑

地板如果打蜡,就会比没有打蜡时滑些,这是众所周知的。可是"冰"的情况怎样呢? 是否表面平滑的冰比表面凹凸不平的冰更滑呢?

事实并非如此,如果你曾经拉过上面放着行李的雪橇的话,你就会知道并非如此。相反,在凹凸不平的冰上反而比在平滑的冰上更容易把雪橇拉动,这是为什么呢? 因为冰的滑不滑并不是取决于冰面的平滑与否,而是取决于冰的单位面积所受的压力大小。所受压力越大,"冰"就越易融化,那么,冰也就越滑了。

当你穿着溜冰鞋或雪屐在冰上滑动时,你和冰面所接触的面积不过几平方厘米,就在这样小的面积上,我们全身的重量都压在上面。溜冰的人对冰面产生的压力很大,而当冰面受到压力时,冰的熔点就会降低,也就是说,冰在较低的温度下就会融化。比如说,当冰的温度为5℃的时候,冰面和溜冰鞋接触的部分若受到压力而熔点低了6℃~7℃,那么,这一部分的冰就会融化。从理论上来说,冰的熔点若要降低1℃的话,每1平方厘米的冰就需要1300牛的压力。那么,我们的体重能产生这么大的压力吗? 当然不能,不过,我们穿着溜冰鞋时,和冰所接触的面积是非常小的,因此,和溜冰鞋接触着的冰面还是会融化从而产生一层很薄的水,这样,溜冰鞋就能够在冰上滑动了,而且,不论溜冰鞋滑到什么地方,它所接触的冰面都会产生一层很薄的水(只有冰具有这种性质)。俄国某一物理学家曾经把冰叫作"自然界中唯一容易滑动的物体",其他的物体即使表面再平滑,也不会像冰这么滑。

现在,我们再回到刚才的问题上,到底是表面平滑的冰比较容易滑动,还是表面凹凸不平的冰比较容易滑动? 我们都知道,在相同的压力下,面积越小,所承受的压力就越大,那么,当我们站在平滑的冰面和站在凹凸不平的冰面上时,哪一种冰面所承受的压力较大呢? 我们知道,当然是后者所承受的压力较大。因为在凹凸不平的冰面上,我们的体重只压到冰面凸起的那些点上,所以,这凸起的点所承受的压力就非常大,而冰所受的压力越大,融化量也就越多,那么,冰也就越滑了。

在日常生活中,我们可以看到多种现象,这些现象都可以证明:当冰受到压力时,冰的熔点就会降低。例如,把碎冰块集中在一起而施加强大的压力时,这些碎冰块马上就会结在一起。又如小孩们在雪地上玩耍时,随手抓了一些雪,将手掌用力一握,这时,雪的熔点因受到压力而降低,于是就结成一团了。这是小孩子们在无意中利用雪片(冰的小粒子)的这种性质而把雪片揉成一团的。还有,我们滚雪球的时候,雪球会越滚越大,也是由同样的原因造成的。也就是说,当雪球滚过时,底下的雪片受到压力而降低熔点,因此,便和雪球黏在一起了。

10. 冰柱是如何产生的

你见过从屋檐上垂下来的冰柱吗? 如果你见过,你知道它们是怎样产生的吗?

在什么温度时才会产生呢? 是温度很低的时候产生呢,还是在能使雪融化的温度下产生？

　　这个问题看起来很简单,实际上并不简单。因为要产生冰柱的话,必须要有两种温度,也就是说,不但必须具有能让水凝结成冰的0℃以下的温度,而且还要有能够使雪融化的温度才行。

　　假设在寒冷的冬天里,有一天天气比较晴朗,温度在1℃～2℃之间,这时,阳光斜射且不强烈地照着地面,由于阳光不强烈,所以地面上的雪也就不会融化。可是,当阳光照射在倾斜的屋面

图68　倾斜的屋顶比平坦的地面吸热更多

上时(虽然也是斜射,但是,阳光与屋面的夹角比阳光斜射地面时与地面的夹角更接近直角),我们知道,光线照射物体的角度越接近直角,光线的热度就越大(与照射角度的正弦值成正比,如图68所示的,屋面上的雪所吸的热量比地面上的雪多,大约多了1.5倍,这是因为sin60°约是sin20°的2.5倍的缘故),所以,地面上的雪虽然没有融化,但是屋面上的雪却融化了。(注意:这里所说的房子必须是没有暖气的房子)

　　当雪融化成水后,就一滴一滴地从屋檐上滴到地面上。而此时,地面的温度还在0℃以下,因此,水滴到地面后就冻结了。于是,水越滴越多,冻结的冰也越来越高,结果,就像钟乳洞里的钟乳石的成长一样,产生了冰柱。

　　气候带和四季的变化,最主要的原因也是阳光照射角度变动所引起的(当然,这不是全部的原因)。在赤道附近阳光照射角度比两极的更接近90度,而且夏天时的照射角度也比冬天时的更接近直角,这就是为什么会有昼夜和四季变化的主要原因了。

七、光

1. 被捕捉的影子

我们的祖先虽然没有办法捕捉自己的影子,但是,他们懂得利用影子来画出"侧面的剪影"。

现代照相技术的发展,我们很轻松地就能拍出自己或朋友的照片;可是在 18 世纪,人类还没有发明照相机,于是,有些人就请画家给他画肖像画。但是,画肖像画要花很多钱,所以很少人能够请到画家来给他画肖像画。因这个缘故,比较便宜的"侧面剪影画"在当时就流行了起来。事实上,这种"侧面剪影画"就是捕捉影子并把影子画在画布上的画。

图 69 就是"侧面剪影画"的画法。首先,把侧面对着画布,再利用后面的光线把侧影投射在画布上,然后用铅笔勾画出影子的轮廓,最后再把颜色涂上去。等颜色涂好后,就用剪刀把画好的部分剪下来,用糨糊贴在白纸上。像这样,"侧面剪影画"就完成了。必要的时候,也可以用其他的画图器具把这种"侧面剪影画"缩小。(图 70)

图 69 "侧面剪影画"的画法

图70 把"侧面剪影画"缩小的方法　图71　德国诗人席勒的"侧面剪影画"（1790年的作品）

　　像这种简单的"侧面剪影画"，也许你会觉得它无法表现出实物的特征，但实际上，如果画得好的话，它仍可以非常传神。

　　曾经有一些画家对这种"侧面剪影画"极感兴趣，甚至用这种画法去画风景画。这些画家最后还形成了一个画派。

　　如果我们研究"侧面剪影画"（silhouette）的名称的由来，一定会觉得很有趣。在18世纪中叶，法国财政部长要求大家必须节俭，并且对一些花费很多钱去画肖像画的贵族们深表不满，于是一般国民就把这种便宜的"侧面剪影画"叫作 silhouette。

2. 鸡蛋里的小鸡

　　让我们用影子来玩一点小把戏。先拿一张油纸当作小银幕，再用厚纸做个方形的框（厚纸中间剪成一个方形的洞），然后把油纸贴在这方形的洞上。等这些都准备齐全以后，就让观众在银幕前面坐好，然后在银幕后面放两个灯泡，并把其中一个点亮（例如点亮左侧的灯泡），这时，如果你在灯泡与银幕之间放了一张椭圆形厚纸的话，银幕上就会显出一个蛋形的黑影。然后，就告诉观众

图72　骗人的 X 光照片

说:"我要利用'X 光'让你们看到鸡蛋里面的小鸡。"说完后,马上就把右侧的灯泡点亮,并在灯泡与银幕之间放上一张小鸡形状的厚纸,银幕上的蛋形黑影中间就会映出了一只小鸡的黑影。这时,观众就会觉得好像是真的利用 X 光来透视实际的鸡蛋一样。(如图 72)

3. 恶作剧的照片

有一种相机叫作"针孔照相机",这种相机不是用透镜制成的,而是用很小的孔(针孔)制成的,这种相机拍出来的相片一般都不太清晰。还有一种相机是利用两个正交的空隙来拍照的,这种相机叫作"空隙照相机",是"针孔照相机"的一种。在"空隙照相机"的前端有两片薄薄的小板子,这两片薄板子都有空隙,一片板子的空隙是纵方向的,另一片板子的空隙是横方向的。如果把这两片薄板叠在一起,所拍出来的相片就和普通相机所拍出来的相片一样,不会扭曲变形。如果让这两片空隙板隔点距离的话,所照出的相片就会扭成奇怪的形状,(如图 73 和图 74)与其说它是照片,还不如说它是漫画。

图73 用"空隙照相机"照出来的 图74 用"空隙照相机"照出来的
　　横方向被拉长了的相片 　　纵方向被拉长了的相片

那么,为什么会产生这种扭曲变形的相片呢?

首先,先看看横方向空隙的薄板在纵方向空隙的薄板前面的情况。(图75)物体 D(十字形)的纵线部分传出来的光线,先透过空隙 C,再透过纵方向的空隙 B。由于透射光线的路径无法改变,所以,物体 D 的纵线部分的像就按照空隙 C 和毛玻璃 A 的距离的大小而映在 A 上。于是，物体 D 就被扭曲地映在毛玻璃 A 上面了。

简言之，当空隙 C 比空隙 B 距离毛玻璃较远时，映在毛玻璃上的纵线就会比横线大，照出来的相片纵线就会被拉长了。

相反，如果空隙 B 和空隙 C 的薄板互调位置的话，照出来的相片就变成横线被拉长了。

假如你把这两个空隙倾斜交叉，那么，就会得到弯弯曲曲的像。

这种相机，不但在映漫画时很有效，而且对于装饰也有它独特的一面。也就是说，你可以按照所期望的，任意拉长或缩小，从而做出各种花样（例如地毯或壁纸的花样）。

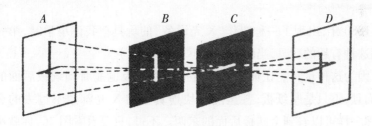

图 75 "空隙照相机"的原理

4. 日出的问题

我们知道，"光"是有速度的，也就是说"光"从光源到传到我们的眼睛，也是需要时间的。

如果在五点钟的时候恰好可以看到日出，且"光"的传播不需要时间（只是个假设），那么，原本在五点钟就可以看得到的日出，现在变成几时能看到呢？（光从太阳传到地球需要 8 分钟的时间）是不是在 4 点 52 分的时候就可以看到日出了呢？如果你回答"是"的话，那就错了。

因为我们通常所说的"日出""日落"，其实只是地球自转的结果，并非太阳移动产生的。当我们看到日出时，只是我们所处的地方又转到面对太阳的方向罢了，并非太阳又重新花了 8 分钟的时间把阳光照射到地球上来，所以，即使"光"不花费时间立刻就能传过来，我们也同样是在 5 点的时候才能看到日出。

八、光的反射与折射

1. 透视墙壁

1880 年,出现了一种叫作"X 光设备"的玩具。我读小学时,第一次看到这种有趣的玩具,当时觉得很不可思议。

因为这种玩具能让你即使隔着一层厚纸板也能看到纸板后面的东西,而且,不只是厚纸板,甚至隔一块连真正的 X 光都透不过去的金属板,你一样可以看到金属板后面的东西。不过,只要看看图 76,你就可以理解这种玩具的原理了。它只是利用四面小镜子,让光线经过反射绕过金属板或纸板进入我们的眼睛罢了。

图 76 "X 光设备"的玩具

利用这种原理制成的设备在近代广泛地被应用。例如潜望镜，不但潜水艇用它，以前的地面战争也用过它，士兵不但可以避开敌人的枪弹，而且还能监视敌人的动静。

不过，潜望镜太长的话，光线进入潜望镜后到达眼睛的距离也会太长，这样，视野就会变得异常狭窄。如果要使视野广阔，就必须使用透镜，但是，透镜能吸收一部分进入潜望镜的光，这样一来，所见物体的亮度就会降低。因此，潜望镜的高度有一定的限制，大约以20米为限，超过此高度，视野就会变得狭窄，所见物体就会变得不清楚，尤其在阴天，这种现象特别明显。

潜水艇所使用的潜望镜比陆地上所使用的潜望镜更为复杂，但是，原理是相同的。（图77）

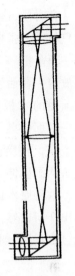

图77 潜望镜

2. 桌上的人头

这种魔术在以往各种表演特技的小棚子里经常可以看到。初次看到这种魔术的人，往往因不知内情而被吓一跳。这种魔术总是在桌子上摆着一个盘子，在盘子上放着一颗人头，这颗人头不但会讲话、会吃东西，眼睛还会动。在人头的周围则围了一圈木板，以防观众靠得太近。由于观众只能站在远处观看，因此也无法仔细看，当然，也就无法识破真相了。

如果你下次再看到这种魔术的话，可以拿一张纸揉成球状，向桌子底下扔过去看看。如果你这样做了，那么你的疑惑肯定会马上解开。因为，你会发现，你扔过去的纸团会弹回来掉在地上，并且纸团会映现在桌子底下，这时，你会恍然大悟，原来桌子底下不是空的，而是在前面摆了一面镜子。也就是说，为了让观众以为桌子底下是空的，表演这种魔术的人便在桌子的脚和脚之间装了镜子。当然，他们不会让镜子照到观众或棚子内的任何东西，所以镜子摆得很低且对着那一圈木板，木板和棚子也都被涂成了同样的颜色，同时，棚子里也没有悬挂任何东西。

有时候,这种魔术表演得极为逼真。当表演者把幕拉开的时候,场中只放了一张桌子,桌上和桌下都没有任何东西,然后,表演者从场中的另一角落把一个箱子搬过来放在桌子上。这时,表演者会说:"这箱子里头放着一颗活生生的人头。"(实际上,这箱子是空的)然后,表演者把箱子前面的木板打开,里面果然有一颗人头。这种把戏揭穿了也很简单——那张桌子的木板是双层的,上层的木板可以弹开,下层的木板有一个洞,当表演者把没有底的箱子搬到桌上时,躲在桌子底下的人就会把头从洞里伸到箱子的里面。整个魔术就是如此了。

这种魔术说穿了显得很简单,但是不知底细的人往往绞尽脑汁也想不出个所以然。这种魔术还有许多种表演方法,不过,本书并非介绍魔术,所以就讲到这里为止。

3. 是镜前还是镜后

在日常生活中,有很多东西没有很好地被利用。譬如要冷冻一瓶汽水时,很多人都把汽水放在冰上,这当然是错误的。还有,有些人拿小镜子照自己的时候,为了看得更清楚,往往把台灯放在自己的背后,这种做法也同样是错误的。如果想看清楚自己的脸,正确的方法是把台灯放在自己和镜子之间,使台灯的光线照着自己的脸。

4. 我们看得到镜子吗

在物理学中讨论"镜子",也许有人觉得没有必要,但是,增加一些常识总是好的。

我们几乎每天都照镜子,可是你是否想过这个问题:"我们能看见镜子吗?"很多人可能会马上回答:"当然看得见。"但是,这个答案却是错误的。

事实上,当一面镜子擦得很干净的时候,我们是看不见镜子的。我们看见的只是镜框和镜子沾满灰尘时镜子上的灰尘,而镜子本身我们是看不见的。因为镜子表面对光线的反射和其他物体表面对光线的反射不一样,所以我们看不见镜面,我们能看见的只是"映在镜子中的像"。

利用镜子所表演的各种魔术,也是根据"镜子本身看不见"而看得见的只是"映在镜子中的像"的原理使观众产生错觉的。

5. 镜子映出来的是谁

当我们照镜子时,镜中映出来的是谁呢? 相信大部分的人都会回答:"当然是我自己,镜子里的像,无论是姿态或神情都和我完全一样。"

这个答案一定对吗? 我们来认真研究一下。假定你的右脸颊上有一颗痣,那么,当你照镜子的时候,镜中的像的右脸颊上有痣吗? 当然没有,相反是左边脸颊上有一颗痣。还有,当你把头发往右边梳的时候,镜中映出来的人却把头发往左边梳。本来你的右眉毛比左眉毛高,可是镜中的人却是左眉毛比右眉毛高。再者,你在衬衫的右边口袋放了一支钢笔,左边口袋放了一本笔记簿,而镜中的人却是右边口袋放着笔记簿,左

图 78 映在镜中的怀表

边口袋放着一支钢笔。同时,如果你携带着一只怀表的话,那么你会发现,你从来没有见过这种怀表,因为它的数字排列顺序和一般的怀表都不一样,例如,Ⅲ这个数字跑到Ⅵ的地方而表示着Ⅵ,并且针的转动方向也和普通钟表的针的转动方向相反。(如图78)

还有,你经常用右手,可是镜中的人却用左手。当你伸出右手想和镜中的人握手时,"他"却伸出了左手。所以,当你照着镜子时,镜中的"自己"和真实的自己并不是完全一样的,如果你认为镜中的像和自己完全一样的话,那么你就错了。

6. 你能看着镜子画图吗

先把镜子垂直地放在桌上,对着镜子在纸上画出几个图形(例如,画

一个有对角线的正方形),不过,画的时候不能看自己的手,必须看着镜里的手来画出图形。

也许你觉得很容易,可是,当你实际去画的时候,你会发现很难画好任何一个图形。这是为什么呢?

在日常生活中,由于长时间的配合,我们的视觉和运动感觉已经能够达到某种程度的一致。但是,镜子所映出来的动作和我们实际的动作恰恰是相反的,因此,当我们按照镜子里面的动作画图时,我们就会依照我们的习惯画出和我们实际想画出的图形相反的图形。换句话,打算向右边画一条线,可我们的手却往左

图79　看着镜子里的手画图

边画过去了。你画的图形越复杂,你所得到的结果就一定越奇妙。

还有,如果你用吸墨纸印出你所写的字的话,那么,印在吸墨纸上面的字就会和你所写的字左右相反。可是,如果把吸墨纸放在镜子前面的话,镜子里映出来的字就又和你写的字一模一样了。

7. 光的路线

我们知道,光是直线传播的,也就是说,光总是跑最短的路线。不过,当光经过镜子反射时,是不是也跑最短的路线呢?

是的,它同样是跑最短的路线。让我们看看图80,A 点为光源,MN 为镜子,ABC 为蜡烛到我们眼睛的光线,KB 垂直于 MN。

我们知道,按照光学的法则(光的反射定律),反射角 2 等于入射角 1,因此,光从 A 到 MN 之后,就向着 C 的方向前进,这时,ABC 即为最短的路线。要证明这个结论是很简单的。我们可以先假定,烛光除了 ABC 的路线以外,还有 ADC 的路线,(图81)然后将这两条路线比较一下,就

可以明白了。

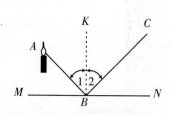

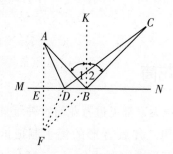

图80　反射角等于入射角　　　图81　光反射时采取最短路线

先看图81,过光源 A 对镜子 MN 作垂线与 BC 的延长线相交于 F,连接 F 和 D。这时,三角形 ABE 全等于三角形 BEF,且都是直角三角形,所以∠EFB 和∠EBA 相等,AE 等于 EF。再者,Rt△AED≌Rt△EFD,所以 AD 和 DF 相等。因此,如果用 AB+BC 来代替 CF(因为 AB=FB)的话,CD+DF 就可以代替 AD+DC,那么这时就可以看到,直线 CF 比折线 CDF 短。

所以,光的路线 ABC 比 ADC 短。只要反射角与入射角相等,无论 D 点在什么地方,ABC 就一定比 ADC 短。换句话说,从光源到镜子的所有路线中,光线采取的是最短的路线。关于这一点,公元2世纪时就有人发现了,这个人就是当时希腊著名的数学家——海隆。

8. 乌鸦的飞行

和上述所说的例子非常相近的还有很多,下面再举一个例子。

如果树上停着一只乌鸦,地上有几颗麦粒,那么,乌鸦从树上飞下来吃麦粒,再飞到对面的篱笆上的过程中,乌鸦落在地上的哪一点,它所飞的路程才是最短的呢?

图82　选择∠1和∠2相等的路线

这个问题和前面所说的问题很类似,因此,我们可以用前面的方法求出答案。换句话说,乌鸦所飞的路

线应该和光所行进的路线一样,即选择∠1 和∠2 相等的路线来飞行。(图 82)

9. 万花筒

我想大家都见过万花筒这种玩具,它是利用三片长方形的镜子制成的。先以镜面为内侧制成一个正三角形的筒(指筒的横截面为正三角形),然后把筒的一端用玻璃封起来,把细碎的彩色玻璃或彩色纸放进去,最后把筒的另一端也用玻璃封起来,这样,万花筒就制成了。

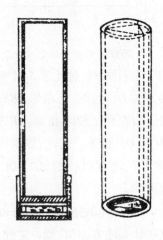

图 83　万花筒

由于镜子的多层反射,当我们看万花筒时,便会看到千变万化的美丽花样。可是,当你转动万花筒时,你是否想过,究竟万花筒能变出多少种美丽的花样呢? 假定你把 20 块细碎的彩色小玻璃放进万花筒里,1 分钟转动 10 次,那么,你要看完所有的花样,需要多长时间呢?

我相信,即使绝顶聪明的人也很难马上说出正确的答案。因为,如果你要把全部的花样看完的话,就得需要 5000 亿年以上的时间。

万花筒是英国人 1816 年发明的。现代的室内设计师为了获得万花筒内的花样,已经设计出一种像摄影万花筒一样的设备了。

10. 万花筒似的房间和海市蜃楼般的宫殿

如果我们都能变成如同细碎玻璃般的东西跑进万花筒里的话,那么会有什么样的感觉呢? 参观过 1900 年巴黎万国博览会的人肯定能说出这种感觉。在这次博览会上,万花筒似的宫殿受到大家的喜爱。它是由一间和万花筒内部很像的六角形大房间所构成的,这所大房间的六面墙壁就像万花筒一样,都是平滑明亮的大镜子,而且房间的每个角落都有和天花板的雕刻连成一体的柱子。所以,游客一走进这个房间,就会看到许许多多的房间和柱子,以及房间和柱子间无数个自己,就好像跑进一大群和自己一模一样的人群中一样。

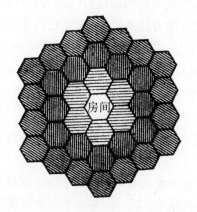

图84 经过镜子的三次反射,能得到36个"房间"

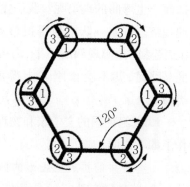

图85 "海市蜃楼宫殿"的原理

　　如图84所示,镜子经过一次反射后,就会出现6个房间(图中横线部分),经过两次反射后,就会再增加12个房间(图中纵线部分),经过三次反射后,可再增加18个房间(图中斜线部分)。这样,经过多次反射之后,可得468个房间。(反射后房子出现的总数,依镜子的平滑度和相对镜子平行的准确度而定)对于这种似乎是奇迹的事,如果你懂得光的反射法则,就能很容易地了解它的原理。因为在房间里,有三对平行的镜子,而且在某种角度下,镜子会变成10对,因此,反射出来的房间和柱子就会变得那么多,一点儿都不值得大惊小怪。

　　更有趣的是,同样在这个博览会中,还有"海市蜃楼宫殿"展示。在这个宫殿里,更是充满了幻觉。设计这个宫殿的人,把数不清的反射和瞬息变化的装饰结合在一起,这样,整个宫殿就如同一个会旋转的万花筒一样,当游客进入宫殿时,便为里面的千奇万幻所迷惑了。

11. 光的折射

光从某一种媒质进入另一种媒质时,会发生折射。这种折射现象,相信有很多人曾经偶然见过。为什么光进入新的媒质时,就不再直线传播而产生弯曲的现象呢?我们用打比方的方法来说明,大家也许能更好地理解。例如一队排列得很整齐的士兵,井然有序地走在平坦的街道上,突然前面出现凹凸不平、沟渠横陈的马路,那么,这队士兵走过前面的马路时,就不会像刚才走得那么整齐了。光的折射情形大体与此类似。

19世纪英国的文学家和物理学家约翰·赫雪尔,曾对这方面的现象作了如下说明:

> 士兵们排成直线形的队伍,这条直线就形成一条界线,将场地分成两个部分,一边是平坦易走的地带,另一边是凹凸不平难走的地带。现在,假定这列士兵要斜着从平坦地带横越到凹凸不平的地带,那么,队伍就没有办法保持直线行进,而且,队伍如果要维持整齐有序的队形行进的话,先越过界线的士兵就要减速缓行,越过界线的队列就会和后面的队列形成钝角。这样,才能步伐一致地行进。

光的折射情况可以用简单的方法做实验来实现。如图86所示,用桌布把桌子盖住一半,然后让桌子稍微倾斜使有轴的两个车轮(如玩具汽车的轮子)在桌上滚动。如果轮子的滚动方向和桌布的边缘成直角的话,那么车轮的行进方向就不会改

图86 光的折射实验

变。这种情况就好像光线在垂直于两个媒质的界面时,不会产生折射的情况一样。可是,车轮的滚动方向若和桌布的边缘成倾斜状,车轮越过界线时就会改变滚动的方向。

从上面的实验中,我们可以得出一个结论:光的折射就是光在两个

媒质中的速度不一样而产生的结果。这种速度的差异越大,光的折射就越大。在光学中,给出了衡量这种差异的物理量——折射率,即光在真空中的传播速度与在介质的传播速度的比值。例如光从空气中进入水中的折射率是 4/3,这就表示光在空气中的速度比在水中的速度快 1.3 倍。

光在折射方面,还有一个很重要的性质就是光在折射时,会采取最快的路线。

12. 什么路线比较快

直线形的路线一定比弯曲形的路线更快吗?

譬如说两个火车站 A 和 B 之间有一村落 C,且距离 A 站比较近。C村的对外交通不太发达,到 A、B 两站的最快的交通工具只有马车。在这种情况下,从 C 村要到 B 站的话,用什么方法比较快呢? 此时,虽然骑马直接从 C 村到 B 站的路程比较短,但是它所花费的时间却比从 C 村骑马到 A 站再搭火车到 B 站所花的时间多。由此可见,最短的距离不一定是最快的。

我们再看另外一个例子。某个骑兵必须从 A 处出发到 C 处的队部报到。(图87)

不过,从 A 处到 C 处之间,必须经过沙地和草地(以直线为 EF 界)。在草地上,马的速度约为在沙地上的 2 倍。这时,这个骑兵采取何种路线,才能在最短时间内到达队部呢?

图87 从 A 点怎样更快地到达 C 点

乍看之下,最短的路线似乎是连接 A 点和 C 点的直线路线,但是,事实并非如此。因为经过沙地的路线越长的话,所花时间就越多,所以,我们必须考虑用何种角度来横穿沙地,以便能缩短时间。

较好的路线是如图所示的 AEC 这条路线。如果你懂得几何学的话,你就会明白为什么 AC 这条直线路线比 AEC 这条折线路线更慢的原因。

在图88上,沙地的宽度等于 2 千米,草地的宽度等于 3 千米,BC 等于 7 千米,按照毕氏定理,$AC = \sqrt{5^2+7^2} = \sqrt{74} \approx 8.60$(千米)。又因为 AN(走 AC 路线的沙地部分)是 AC 的 2/5(3.44 千米),走沙地所花的时间是走草地的 2 倍,所以,沙地上的 3.44 千米就相当于草地上的 6.88 千米。因此,走 AC 路线的 8.6 千米所花的时间就等于在草地上走 12.04 千米的时间。

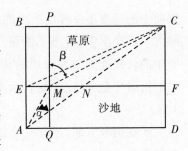

图 88　从 A 点到 C 点的最快路线是 AMC

现在,再计算一下 AEC 的路线。AE 是沙地的部分,有 2 千米,等于可在草地上走 4 千米。$EC = \sqrt{3^2+7^2} = \sqrt{58} \approx 7.6$(千米)。把这两个合计,$AEC$ 的全长等于 4+7.6 = 11.6(千米)。

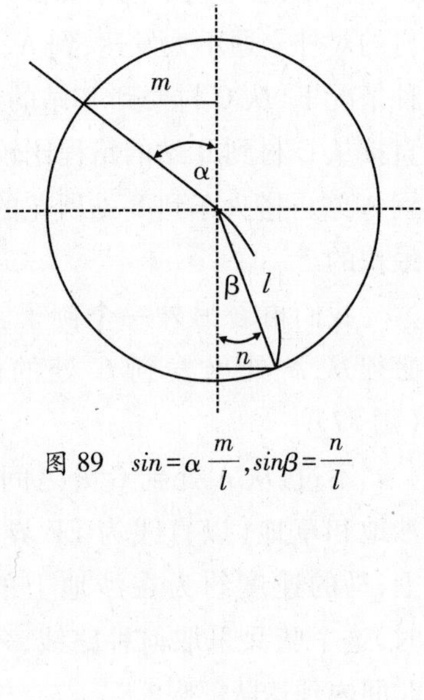

像这样,经过换算之后,AC 路线等于 12.04 千米,而 AEC 路线却只有 11.6 千米。简言之,AEC 路线比 AC 路线快了大约 0.5 千米。但是,AEC 这条路线还不是最快的路线,按照理论,最快的路线是 ∠β 的正弦值($sin\beta$)和角 ∠α 的正弦值($sin\alpha$)之比,(图 89)也就是草地速度和沙地速度之比等于 2 : 1 时的路线才是最快的路线。换句话说,以 M 点作为从沙地进入草地的转换点才是最合适的。计算方法如下:

图 89　$sin = \alpha\dfrac{m}{l}, sin\beta = \dfrac{n}{l}$

$$sin\beta = \frac{6}{\sqrt{3^2+6^2}} = \frac{6}{\sqrt{45}}$$

$$sin\alpha = \frac{1}{\sqrt{1+2^2}} = \frac{1}{\sqrt{5}}$$

$$\frac{sin\beta}{sin\alpha} = \frac{6}{\sqrt{45}} : \frac{1}{\sqrt{5}} = \frac{6}{3\sqrt{5}} : \frac{1}{5} = 2$$

这时,如果全部换算为草地的距离,全长有多少呢? 计算方法如下:

$AM = \sqrt{2^2+1^2} = \sqrt{5} = 2.236$(千米),把这个沙地距离换算为草地距离的话,

就是 4.47 千米。$MC = \sqrt{45} = 6.71$（千米），所以全长为 $4.47 + 6.71 = 11.18$（千米）。如此，比 AC 路线少了 860 米。由此可见，折线路线反而更快。

光的折射原理也是如此。光折射时，总是跑最短的路线，也就是入射角的正弦和折射角的正弦之比等于光在第一媒质中的速度和第二媒质中的速度之比时，路线最短，亦即光跑得最快。这就是所说的光沿着通过时间最少的路线行进"菲尔曼原理"。

即使在媒质不均匀而折射率不断变化的状况下（如大气中），这个原理也同样适用，并且，不仅是光线的传播，任何性质的"波"在传播时，也都遵循这个原理。

13. "鲁滨孙第二"漂流记

小说《鲁滨孙漂流记》中的主角漂流到荒岛的时候，是利用阳光使木柴燃烧起火的。威尔诺的一本小说《不可思议的海岛》也有一位"鲁滨孙"，这位鲁滨孙同样不用火柴、不用打火石就生了火，但是，这绝对不是偶然点起来的，这位鲁滨孙是靠着优秀技师的机智和对物理学的了解而做出来的。

打猎回来之后，技师与杂志记者们发现地上有一堆熊熊燃烧的火，一位衣着褴褛的船夫大叫道："是谁生的火？"

"大概是太阳吧！"一位精力充沛的记者回答。

记者的表情看起来很认真，船夫们也有些不敢相信自己眼睛，他们开始感谢太阳。他们太激动了，忘记了问技师这件事的真相。

最后，有人开口道："是用透镜和阳光吗？"是一个记者的声音。

"不！不完全是。因为，这不是真正的透镜。"技师回答道。

那透镜是技师利用自己的表与另一个表的表面叠合起来做成的。他在两个表面之间放了一些水，然后把两片玻璃的边缘用黏土黏起来。这么一来，一面像真透镜的"表面透镜"就制成了。技师用这个刚制成的透镜把太阳光聚集在一块青苔上，不久这块青苔就燃烧起来了。这就是火种的来源。

为什么在两片玻璃中间要加水呢？因为两片玻璃中间如果没有水，

而都是空气的话，那么这两片玻璃所组合起来的透镜，就无法集中阳光了。

毕竟，只靠两片玻璃是不够的，因为钟表的玻璃片的两面都是平行的，光线在透过这两片玻璃中的空气时，行进方向几乎不改变，在穿过玻璃时，光线不会产生折射，焦点也就无法形成。所以，如果想把光线集中于一点，两片玻璃中间就应该放上比玻璃折射率更大的透明物质才行。这就是那位技师为什么要在两片玻璃中间放一些水的原因了。

放水的球形水壶也可以将阳光聚集在一点，古时候的人早已知道这件事。水壶里的水本身不会点燃物体，可是如果将它放在窗户旁边，球形水壶里的水就会把阳光集中在一点，使窗帘、桌布燃烧起来，或者让桌子留下烧焦的痕迹。古时候因为传统习惯的关系，药店的橱窗里常可见到一种球形瓶，而且里面还装了些水，而这种瓶子又往往放在药品的旁边，因此常会使药品燃烧起来，引发一场火灾。

盛放水的小型球形水壶虽然小，也能使放在小碟子里的水沸腾起来，只要直径有 12 厘米就可以了。如果用的是直径 15 厘米的水壶，焦点温度可以达到 120℃，若此焦点在装有水的玻璃水壶附近，也可以令香烟燃烧起来，这是装有水的球形水壶很容易做到的。当然了，如果改用透镜集中阳光也可以。

中间加水的透镜（如装有水的球状瓶）的点火率比玻璃的要小，因为水的折射率比透镜的折射率小，而且，它还较容易吸收红外线。这种红外线只要对物体加热，就会有相当大的反应。

早在眼镜问世的 1000 年前，希腊人就已经知道用透镜来点燃东西了。这点可从希腊哲学家亚里士多德的喜剧《云》中看出。其中有一段是这样的：

苏格拉底对史特莱谢德斯说道："如果有一个人用你的名字开出五塔拉（古代希腊货币的单位）的支票，你如何让这张支票变成无效的呢？"

史特莱谢德斯回答道："我有个很巧妙的方法可以使支票变成无效，你大概不会相信。我想你一定见过药店里那种漂亮的玻璃吧！"

"你说的是集中阳光的透镜吗？"苏格拉底又说，"好吧！那你用这种东西做什么呢?"

　　史特莱谢德斯回答说:"在开支票的人正在写的时候,我站在他的后面,用能集中阳光的透镜把阳光集中于支票上,让支票上的字全部熔化掉,一个字也看不见,就可以了。"

在亚里士多德的时代,希腊人都是用一种上面涂蜡的板子来写字的,所以晒了太阳后,支票上的字会熔化掉。

14. 用冰块点火

　　只要是透明的,冰块也可当作凸透镜用来生火,但是冰块本身却不会温暖融化。

　　用冰作透镜,在威尔诺的小说《哈德拉斯船长的旅行》中常可见到。当时旅行者在-48℃的寒冷环境中,丢了打火石而无法生火,大家都冷得打战。这时候,一位名叫克劳·波尼的博士,用冰作为透镜,开始生火。

　　"我们实在是倒了八辈子的霉!"有人这么说着。

　　"说得也是,真倒霉。"博士接着说。

　　"真是的,连望远镜都没带来,如果有望远镜的话,我们可以把里面的镜片拆下来,这样我们就能很快地生起火来了。"克劳·波尼博士说。

　　"阳光这么强,我们如果能用它来点火该有多好! 可惜没有透镜。"其中有个人说。

　　大家都望着太阳唤声叹气。

　　"可是我们总不能在这里坐以待毙呀! 大家随便吃点生熊肉吧!"哈德拉斯船长道。

　　"是该吃点东西了,可是……"

　　"你是不是想到什么了?"

　　"有了! 我有一个好主意。"

　　"哦! 你有主意了,那我们有救啦!"

　　"不过能不能做好,我没有太大的把握。"

　　"到底你想到什么好方法?"

　　"我们没有透镜,我在考虑自己做一个透镜。"

　　"怎么做?"

"我想可以用小冰块来做。"

"能做成吗?"

"我相信可以做成的,只要把阳光集中在一点就行了。冰块可以代替透镜,尤其是用水冻结的冰块比较好,这样的冰比较硬、比较透明。"

"嘿!你瞧!那不是冰山吗?从颜色上看,还不错呢!"哈德拉斯船长一面大声地说,一面用手指着离他们有一百多步远的冰山。

"果然有一座冰山,走吧!船长!我们过去吧!"于是,一行三人带着斧头浩浩荡荡地朝冰山走去。这座冰山看来非常纯净,冰块显得晶莹剔透。

克劳·波尼博士让他们挖出了一块直径大约 30 厘米的冰块,然后他把这块冰块的表面用斧头与小刀修平弄滑。就这样,冰透镜制成了。阳光相当强烈,博士就利用透镜把阳光的焦点集中在易燃的药剂上,果然几秒钟之后,药剂就燃烧起来了。

这本小说中的故事并不完全是虚构的,早在公元 1763 年,英国就有人做过类似的实验,而且做得相当成功。从那次之后,我们就常在书中或史籍上看到人们应用冰块透镜的实例了。不过,想在-48℃的环境中用斧头或小刀和我们的双手来制作冰块透镜,毕竟不是件容易的事,但是,如果用以下的方法就能轻易地做出冰块透镜。这个方法就是用一个形状适当的碗,里面放水让它结冰,然后在碗的外侧加温,将里面冰块拿出来,这样就能很容易地制作一个冰块透镜。(图90)

使用冰块制成的透镜生火时,要在冰点以下的气温做,而且一定要在户外。在房间里,利用透过玻璃窗进来的阳光,大都不会做成功,因为阳光透过玻璃窗时,有许多能量会被玻璃吸收、反射掉,

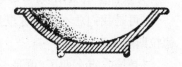

图90 用碗来做冰块透镜

所以剩下的能量不足以将物体加热到燃烧的温度。

15. 借用阳光

下面我们来做一个同样可以在冬天做的实验。在阳光照射的雪地上放两块大小一样的黑色与白色布块,经过一小时或两小时之后,我们

会发现,黑色布块已沉陷在雪地中了,而白色布块仍留在原来的位置。理由很简单,因为黑色布块能吸收大部分的阳光,所以布块覆盖下的雪很快就融化了,而且融化得很多。但是白色布块能把大部分的阳光反射出去,和黑色布块比较起来,吸热的程度当然较小了。

第一次做这个实验的人就是争取美国独立的斗士,发明避雷针的著名的物理学家——本杰明·富兰克林。他对自己当时所做的实验作了如下的描述:

"我从裁缝店拿了几块质地相同颜色各异的方形布块,有黑色、深蓝色、浅蓝色、绿色、紫色、红色、黄色、白色等各种色调,然后我选择了一个晴朗的早晨,把这些布块都摊在雪地上。几小时之后,黑色布块比其他布块的温度都要高,而且非常明显。黑色布块最先沉陷在雪地中,而且会沉到阳光再也照射不到的程度。深蓝色布块与黑色布块一样,沉陷在雪地中,但是沉陷的程度并没有黑色布块那么厉害。其他颜色的布块,越接近白色的沉陷得越少,而白色布块则依然留在原地,没有下沉。

"如果不能找出理论根据,实验就毫无意义了,由刚才的实验,我们可以得出下面的结论:大热天里,穿白色衣服比穿黑色衣服凉快。因为,穿黑色衣服在接受阳光照射时,我们就会感到特别热,如果再走路、运动,那就更热了。夏天我们戴帽子是为了防中暑,是不是连帽子也得选白色的呢? 另外,黑色墙壁到了晚上还能保持某种程度的热量,能保护我们的脸不被冻伤,那么,是否这种墙壁在白天也能吸收阳光的热量呢? 我们多注意观察,除了以上这些情况外,应该还有其他我们可以看到的特殊现象吧!"

1903 年德国南极探险队——"高斯号",所做的实验对前面所下的结论可以给予很好的说明。当时"高斯号"被困在冰块中,船员们使尽了各种办法,有的用炸药炸破冰块,有的用锯子锯冰块……好不容易把几百立方米的冰块拿掉,但是船仍旧没有办法从冰块的包围中脱离出来。怎么办呢? 他们想到了阳光。他们把黑色的灰与煤洒在冰块与冰块的裂痕当中,洒成大约 2 米多长、10 米宽的带状环,绕在冰上。南极夏季的晴朗天气持续了好几天,他们果然把困难解决了。这条船终于沿着这被阳光所融化的带状裂痕,冲出了冰块的包围而完全脱险。

16. 海市蜃楼

海市蜃楼形成的原因，相信谁都知道吧！在炎热的沙漠里，沙漠的沙就像镜子一般，也就是说和沙漠接触的空气层，上层的空气密度小，会产生反射作用。当远处的物体发出的光线倾斜射过来时，就像光线以非常大的照射角入射到镜子而反射一样，遇到密度小的空气层

图 91　沙漠中的海市蜃楼

之后，就会在空气层里折射，最后就跑进人们的眼睛。因此，在沙漠里旅行的人，常会把眼前的部分实物看成是在广阔水面上的某种幻影。

可是严格说来，灼热地面附近的空气层并不是像镜子一样地把光线反射出去，而是像水中行进的光线由水底入射到水面时被反射出去一样。这里所说的并非是简单的反射，这种现象叫作"全反射"。全反射就是光线在水中行进时，入射角比某个角度更大时，光完全被反射出去的现象。所以，光以相当缓和的角度，也就是以比图 91 所示的角度还要缓和的角度进入空气层才可以，否则入射角就不会比前面所说的某一个角度更大，这样，全反射自然不会发生了。

为了让读者不会产生误会，我在此说明白些，这种海市蜃楼是在密度大的空气层在密度小的空气层之上时才会发生。大家都知道，密度大的空气层由于较重，所以时常往下跑，而把下面较轻的空气层往上挤。那么，海市蜃楼产生时，为什么低密度的空气层会在高密度的空气层上面呢？这是由于空气不停地流动的缘故，也就是说受到地面加热的空气不会静止在地面上，而是会不断地被挤压到上面，然后新的被加热的空气又流进去补充，这样不断地循环，结果就会形成高密度空气在低密度空气之上的情形。

这里所说的海市蜃楼，早在古代，人们就知道了。在现代的气象学

上,海市蜃楼被分为上方海市蜃楼和下方海市蜃楼,其中的上方海市蜃楼是由大气上层的稀薄空气层把光反射出去而产生的。一般人认为海市蜃楼只有在南方的灼热空气中才可以看得到,而在北方则看不到,这是错误的看法。实际上在北方也经常可以看到。譬如说,在夏天,黑色的柏油路很容易受到阳光的加热,这时候没有光泽的马路表面从远处来看,会像水面一般闪闪发亮,而且还会把远方的物体映出来。如图 92 所示,海市蜃楼发生时的情形就是如此。你如果平时注意观察的话,就不会觉得奇怪了。

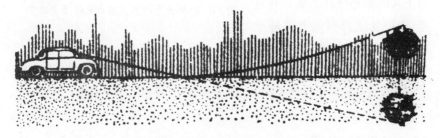

图 92　公路上出现的海市蜃楼

关于海市蜃楼,还有一般人较为陌生的"侧方海市蜃楼",这种现象是由垂直墙壁被加热后反射光线所产生的。有一位法国人对这种现象作了如下的描述:当他走进要塞的堡垒时,突然感到堡内平滑的混凝土墙壁像镜子一般发亮,而且把附近的景色、地面、天空全都映了出来,当他再向前走时,看到堡内其他墙壁也同样有这种现象。换句话说,就是本来凹凸不平的灰色墙壁,从表面看起来也像镜子一般光滑。这是因为墙壁受到阳光的灼晒升温而形成的。图 93 所示的是堡内的墙壁位置(F 与 F')以及光线折射的方向(A 与 A')。像这种海市蜃楼

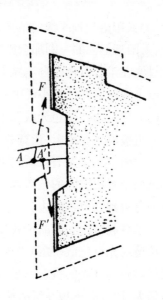

图 93　海市蜃楼堡垒平面图

就是堡内墙壁受阳光强烈灼晒加热的结果，而这种情形也能用照相机拍到。

图94所示的就是A_1所摄的堡内墙壁的照片，左边照片上的是普通的混凝土墙壁，右边照片上的也是同样的墙壁，却能如同镜子一般明亮，把旁边士兵的站姿映在上面。在这里，能把光线反射的并非墙壁的表面，而是与墙壁接触的空气层。

图94　能把士兵的立姿映出来的堡垒墙壁

在炎热的夏季，若有机会，就去看看高楼大厦的那些被加热的墙壁吧！看看是否有这种海市蜃楼的现象。只要你留心，我相信你一定能看得到。

17. 绿色的光线

"太阳落入地平线的情形，我相信谁都看过，但是在晴朗无云的天气里，太阳落下去的一刹那会露出一丝绿色光。不知道各位读者有没有注意过？在千变万化的自然界中，任何画家都描绘不出那样美丽的颜色。"这就是威尔诺在他的小说中所描述的"绿色光线"。当然，这不是虚构出来的。可是，这"绿色光线"到底是什么东西，又为什么会出现呢？

把棱镜拿在手上，让宽的一面朝下，然后让它靠近墙壁，我们来看看（通过棱镜看，不是直接看）贴在墙壁上的纸会发生什么变化。我们会看到纸的位置比实际的位置高，还会发现纸的最上面有蓝紫色的边，纸的下面有看到红黄色的边。

纸看起来比实际的位置要高，主要是因为光折射的缘故，颜色边缘是棱镜对光有色散（复色光被分解成单色光而形成光谱的现象）作用的结果。由于红光的折射率最小，所以会出现在纸的最下面，紫光的折射率最大，所以会出现在纸的最上面。

这种边缘着色的情形，只要仔细观察实验结果，自然可看出端倪。透过棱镜，在纸上先找出白色的光，然后依光谱上的各种颜色慢慢分析，这时,你会发现光线与光线间会有一部分彼此重合,然后,你将其按折射顺序排列,一张七彩的纸张就出现了。

当像彼此重合且同时作用的时候,我们看起来,它就会呈白色(各种颜色调和起来的缘故),可是,在纸张的最上面和最下面却没有其他颜色混合,所以就会产生其他颜色的边。

德国诗人歌德在做这个实验时,由于不知实验现象的所以然,于是便根据自己的错误判断写出著名的"色彩论",从而否定了牛顿的色彩论。读者们看到这里,可能已经知道错的不是牛顿而是歌德了吧!

对我们来说,地球表层的大气就是一面"最宽的那一面向下"的空气棱镜,所以,我们可借着它来看到地平线上的太阳。每当太阳快落到地平线时,我们发现,在太阳的上方有蓝绿色的边,而下面则有红黄色的边。当太阳落到地平线时,较不明亮的边缘便会被淹没,而在日出的一刹那,我们又会看到它的上面有一层蓝色的边。

这种蓝边有两种颜色,一是蓝色,一是蓝绿混合色。纯蓝色的边只有在地平线附近的空气绝对(或接近)纯净时才可看到,当它因受大气的影响而略呈散乱时,所显现的颜色就只有绿色,当大气过分浑浊时,可能连绿色光也没有了。这时,我们什么边都看不到,太阳极像我们往常所见的那样,像一颗通红的火球逐渐西沉。

专门研究这种绿色光的俄国天文台"库鲁克巴",有位名叫基尔夫的科学家对这种现象作出了如下的报告:"太阳要落入地平线时,我几乎可以说根本无法看到绿色光线。"换言之,只能看到在鲜红表面的边缘散布着蓝绿色光线,这是因为大气正处于强烈的混乱状态。相反,太阳如果像一颗白黄色的火球西沉时,绿色光线出现的概率就非常高。如果想在这时欣赏绿色光线的话,最好是站在没有建筑物遮挡,而且地平线清晰的地方——这就是为什么船员比较熟悉这种光的主要原因——否则就可能错过这一刹那的良机了。

从以上的说明中我们知道,想看到绿色光线,必须在晴朗无云的好天气里,而且要在日出与日落的一刹那来观察才清楚。南方地平线附近的天空比北方的天空更透明、更明亮,所以绿色光线出现的次数也最频繁,不过,若你经常留意,也一样可以在北方看到"绿色光线"。这种现象若能用望远镜看就更美妙了。有两位亚尔萨斯的天文学家对这种情形作了如下的说明：

"太阳要落入西方的最后一分钟，还能看到太阳许多的部分，我们可看到太阳表面呈现很明显的波状，并且有绿色边缘包围。这种情形在地平线上是看不到的，而要在太阳完全没入地平线的一刹那，我们才能看

图 95　"绿色光线"可持续 5 分钟之久，右上的图就是用望远镜看到的"绿色光线"

到一丝绿色光线。如果此时准备了 100 倍的望远镜，那么一切现象都能看得很清楚。绿色边缘是在太阳表面的上部，下部是红色的边缘。这种边缘的幅度开始时非常小（用角度来表示的话，只有几秒），但是随着太阳的没入，这种边缘的幅度越来越大，有时可达到 30 秒的程度。在绿色边缘的上部，可看到绿色突起随着太阳往地平线沉下去。在沉下去的一刹那，我们可看到什么呢？有时，这种突起从边缘分离，在太阳完全消失之前，至少可看到几秒钟。（图 95）

"平常这种现象可持续 1~2 秒，若有特殊情况会更久。难得的，甚至还能长达 5 分钟或 5 分钟以上。当太阳从山的那边逐渐沉下去时，观察者如果跑得够快，可以看到太阳从山的斜坡逐渐沉下去的情形，看到绿色边缘的时间就会持久些。"（图 95）

有人说刚落下地平线的太阳由于阳光还很强烈，所以我们的眼睛容易疲劳，绿色光线就是在这种情况下出现的。这种说法是完全错误的，由我们前面的解释即可看出来。

能够显出绿色光线的太阳并非是唯一有这种现象的星球，其他如金星等，在没入时也有这种现象。

九、单眼看与双眼看

1. 用一只眼睛看照片

照相机的构造就像人的眼睛,映在底片上的景物因镜头与被照体的距离的不同而会有差异,当我们把眼睛(单眼)放在观景窗上时,我们所看到的像就是我们的相机即将在底片上固定的像。所以,如果我们想使照片看起来像看实物那样真切的话,我们必须在看时注意下面两件事:

第一,用一只眼睛看照片;

第二,眼睛和照片要保持适当距离。

如果我们用两只眼睛看照片的话,那么,你会觉得照片似乎缺少立体感,会觉得它只是一张平面的照片而已。这就是我们视觉的特殊性。如果我们想使东西看起来有立体感,那最好就用一只眼睛看,因为物体映在视网膜上的像不同的缘故,若用双眼看,就会比用单眼看缺少立体感(见图96),这就是使物体看来有立体感的基本原理。当然,在用单眼看时,让我们的意识和物体的立体形象融合也是一大要件。不过,在看平坦的物体如墙壁时,由于我们的双眼的视觉有一种同一性,所映在视网膜上的像相同,所以看起来物体仍然是平坦的。

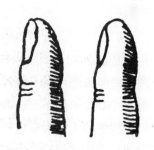

图96　用左眼和右眼看手指头
的差异

105

有了上面的解释,相信大家已经知道,用双眼看东西会犯什么样的错误了。即使只是一张平面的像,仍然可以使它具有立体感,而本来该用一只眼睛去看的照片,偏偏用双眼去看,当然无法感觉到其原来的风貌了。

2. 看照片应保持距离

看照片应该保持多远的距离呢?这是使照片看起来栩栩如生的第二要件,和前面的第一要件一样重要。

如果要使照片看起来和实物一样,我们首先得知道该照片在拍照时镜头和被照物体的距离,然后我们再用照片与实物的缩小率和此距离相乘,所得距离则为最理想的看照片的距离。

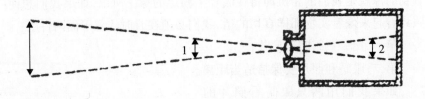

图 97　在相机中,∠1 和∠2 的角度相等

若是焦距 12~15 厘米的相机所照的照片的话,那么,看这张照片的最理想的距离恐怕就不易算出来了,因为正常眼睛所能看得最清楚的距离为 25 厘米,如果小于这个距离,我们所看的东西就会呈平面。

近视眼的人因为看东西都得走近一点才能看得清楚(小孩子亦然),所以他们即使把照片拿到 12~15 厘米的地方看仍不会受影响。

很多人都爱抱怨照片照得太平板,缺乏立体感,这往往是他们不懂得调整看照片的距离的结果,当然,用一只眼睛或是用两只眼睛看也是关键。(作者写此书时,一般相机的焦距为 12~15 厘米,现在的相机的焦距一般为 40~50 厘米)

3. 放大镜的妙用

前面我们提到,近视眼的人看照片比较容易产生立体感。如果一位视力正常的人想把照片看成立体的,除了上面所说的方法之外,还有别的方法吗? 有的,只要用放大镜就可以了。只要他们使用一个二倍率的放大镜,即可看到很有立体感的照片了。

说到这里,相信各位已经知道单眼和放大镜之间有什么相同之处了。

4. 照片的放大

各位可能又会问,如果他们不用放大镜,是不是还另有方法。有的! 用长镜头相机来看也可以收到同样的效果。

这个原理,我们在前面已经解释过。由焦距为 25 厘米至 30 厘米的长镜头照相机所拍出来的照片,更具有立体感。

从上面这段话,我们可以看出,即使不用单眼看照片,或不寻找特殊距离,我们一样可以看到很有立体感的照片。不过,这个立体感会随着眼睛与照片距离的拉长而逐渐变弱。如果想弥补这个缺点,可用焦距 70 厘米的相机来拍照。不过,由于这种相机镜头太长,不便使用,所以一般人都不用。这里我再介绍另一种方法。把普通相机拍摄出来的照片放大,使其大小尽量适应看照片所需的距离。如果是由焦距 15 厘米的长镜头相机拍出来的照片,你只要把照片放大 4~5 倍,即可收到立体效果。这种照片若放在距我们 60~75 厘米远的地方可能稍嫌模糊,但若放远些,这种现象不但会消失,而且会呈现出很好的立体效果。

5. 看电影时的理想座位

经常看电影的人一定有过这种经验,那就是常会觉得画面中的人好像要跳出来似的,有一种身临其境的感觉。之所以会有这种感觉,其实并不是影片拍得生动的缘故,而是因为看电影的人所坐的位置恰到好处。

拍电影时,如果是用焦距 10 厘米的摄影机来拍摄,那么,其银幕上的像的放大率约为 100 倍,坐得较远的人也能欣赏得到。

你看时,如果有银幕画面特别鲜活的感觉,那就是你坐的座位刚好和摄影机在拍摄时所取的距离和角度相吻合。

通常,这个座位在哪里呢?它应该在正对银幕的中间线上。把银幕的宽度乘上软片宽度,除以焦距,就是我们和银幕的理想距离。

通常的电影摄影机的焦距可分为 35 厘米、50 厘米、75 厘米、100 厘米不等。标准软片宽度为 24 厘米,若是用焦距 75 厘米的镜头拍摄的话,那么我们理想座位的位置应该是:

$$\frac{\text{所求距离}}{\text{银幕宽度}} = \frac{\text{焦距}}{\text{软片宽度}} = \frac{75}{24} \approx 3$$

也就是距离银幕宽度 3 倍远的座位是我们看电影时的理想座位。如果银幕的宽度约为 6 步长的话,那么,我们的座位若能在正对着银幕的中间线上,且离银幕 18 步远的地方就是最理想的了。

6. 看图画的理想距离

前面看照片的方法同样适用于图画。也就是说,在适当的距离来欣赏图画,才会有立体感。想使图画有立体感,同样也不要用双眼直视,最好是用单眼来看,尤其是小幅图画。

英国的心理学家卡本特对于这点作了如下的说明:"古代人就已知道,远近、光与影、细小的东西等的配列和实际上的东西完全一致时,不用双眼而用单眼来看,会有生动活跃的立体感。"图画中看不到的小地方,我们用"筒"来看,效果一定会更好。对于这种事,前人也曾有过错误的解释。例如培根曾说:"用单眼来看比双眼更好,这是因为精神集中于一只眼睛,对某一地方作用的结果。"

实际上,在适当的距离下,用双眼看觉得只是平面的,用单眼看却会有立体感,偶尔凝神看时,你甚至会觉得画面中的东西呼之欲出,平面被照体的实际物投影在画面上愈逼真的话,这种立体错觉就愈强。

把大幅的图画缩小,往往较具立体感,理由是图画缩小时看图的视觉距离也跟着缩小,所以我们在近处观察也会有立体感产生。

7. 何谓立体镜 （stereoscope）（又叫实体镜）

为什么我们的眼睛在看物体时,本应是平面的像却显得有立体感呢? 这种立体感是如何产生的呢? 第一个原因是物体的各部分都会有明暗的差异,我们就是根据这种差异来判断物体的形状。第二个原因是眼睛到物体各部分的距离不一样,而如果想把这距离弄得很清楚的话,必须将眼睛的焦点与之配合作大幅度的改变,这时候我们眼睛所产生的紧张感就担负着很重要的工作。我们要看平板无立体感的图画或照片,当然可以,只要不改变焦点就行了,因为那不会使眼睛产生紧张感。第三个原因,也是最重要的原因,就是左眼与右眼对同一物体的映像有所不同,这种不一样的感觉是我们看物体有立体感的主要原因。(图96与图98)。

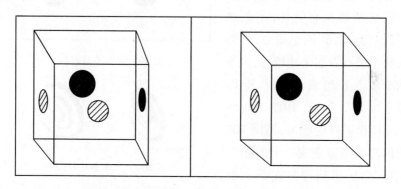

图98　左眼和右眼看内部有黑点的玻璃立方体

譬如说根据同一物体所画出的两张图画吧! 一张是以左眼看物体画的,另一张是以右眼看物体画的。(图98)如果这时用两只眼睛去看这两张平面图画,你将会看到一个有立体感的物体呈现在你眼前,它们会比用单眼来看更有立体感。像这种两幅一组的图画或照片,我们要看时,所使用的工具是一种立体镜装置,又叫作实体镜。想使两张图画融合时,古代所用的装置是镜子,现代则大都改用凸透镜。在用这种凸透镜时,要根据光的折射率调整其角度使两张画面重合,像这样的立体镜装置原理很简单,所产生的立体效果也十分理想。

8. 双视眼

不用特别装置,做左眼看左边图画、右眼看右边图画的训练,时间长了,就有了把照片看成立体的本事了,而且所得到的效果和使用立体镜时的效果一样。

下面是几张由简单到复杂的立体照片,供读者参考,读者可以不用立体镜装置来练习看立体照片。还有一点要注意,使用立体镜不一定就能看到立体照片。譬如说,斜视的人或是时常使用一只眼睛工作的人,就无法看到立体照片。一般人即使没有这种装置,只要多加练习仍可办到,尤其是年轻人,只要练习15分钟就能有这种能力。

在纸上画两个黑点(图99),把这张图放在眼前,然后先看看两个黑点的中央,脑子里努力假想图后面有物体,不久之后,你将会看到四个黑点,外侧的两个黑点看起来比较远,内侧两个黑点看起来比较近,近得几乎成为一个点。用图100与图101做同样的练习,当图101中的两个图像变成一个的那一刹那,你会感到你是在看一根很深的长管子。

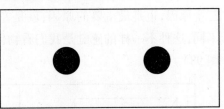

图99 立体感练习(1)

图100 立体感练习(2)

这个练习做完以后,就看图102,这时你会觉得图似乎在空中一般。图103的建筑物走廊,也可能会像隧道一般。对于图104,你会觉得鱼正在游动。图105是港口的景致。这种练习

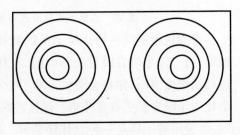

图101 立体感练习(3)

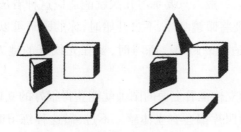

图 102　立体感练习（4）

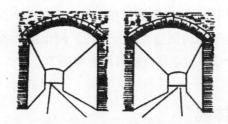

图 103　立体感练习（5）

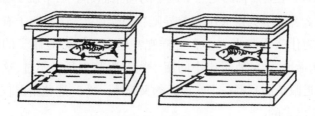

图 104　立体感练习（6）

图 105　立体感练习（7）

的效果立竿见影,一般人只要练习几次就能适应这种看法。近视眼或远视眼的人,不需要将眼镜拿掉,不过开始时,你的眼睛可以靠近图画或离开图画,调整到适当的距离。练习时,要在光线好的地方做,这样效果最好。

如果你不用立体镜看上面的图画就能获得很好的立体感,那你以后无论看什么样的照片都会有立体感。不过,做这种练习时,眼睛会很快疲劳的,所以应适可而止。

如果经过这种练习,对物体、照片、图画都能看出立体感来的话,就可改用远视矫正用的透视镜来看。在厚纸上先开两个圆形的洞,然后把透镜装上去,由透镜的内侧边缘附近看图。两张图画的中央,用某种东西隔开,这样一个简单的立体镜就可派上用场了。

9. 双眼"立体视"

图106(左上),拍的是三个瓶子的两张照片。三个瓶子看起来大小一样,怎么看都不觉得大小有差异吧!但实际上,这些瓶子有很大的差异,那么为什么看起来大小会一样呢?理由是摄影时瓶子的距离不一样。换句话说,大的瓶子比小的瓶子离开眼睛更远。不过,这三个瓶子中,最靠近眼睛的是哪一个?最远的又是哪一个?这些情况仅凭看这张图是看不出来的。

图106　哪一个瓶子最大

使用立体镜以后,前面我们练习的立体视技术就能派上用场了。也就是说,最左边的瓶子离眼睛最远,然后是中央的瓶子,右边的瓶子离眼睛最近。这三个瓶子的真正大小,如图 106 上面最右边的图所示。

图 106 下面的图更详细了,这张图中有两个水壶、两个蜡烛台,看起来好像大小相同,但实际上右边与左边的大小有相当大的差异。左边的蜡烛台大约有右边的水壶的 2 倍大。同样的照片,如果用立体视的方法看,就可知道大的在远方、小的在眼前。这么说相信读者已经明白"双眼立体视"比单眼立体视更管用的理由了吧!

10. 简单的假钞识别法

两张一模一样的图画,例如画在纸上的形状完全相同的黑色正方形,若我们用立体视来观察的话,那这两个正方形会被看成同样一个正方形。如果在这两个正方形中央加一个白点的话,那么从立体镜看到的正方形的中央也都有一白点。但是我们如果把那白点在中心稍微移动一下,那将会发生意想不到的事,透过立体镜,白点可能在正方形的前方或后方,换句话说,稍微不同的两张图画用立体镜来看,就会给人不一样的感觉。

利用上面所说的就能轻松地识破伪钞了。我们把假钞与真钞放在一起看,假钞无论伪造得多好,与真钞总有些微小的差异,只要有个文字或线的位置稍微不一样,那么这个文字或线在全体模样的前面或后面就可以看得出来。

这是 19 世纪中叶"罗贝"发明的方法,但是对现在的钞票却派不上用场。因为现在的印刷技术很发达,即使用立体镜来看也没有用,只能看到平面的像。不过,这种方法用在检查书的印刷时,仍然用得上。譬如,一本书在印刷时,若有漏掉或重印的部分,就可以用这种方法鉴定出来。

11. 拍远景的立体照片

物体离眼睛 450 米以上时,就无法感觉其立体感。因为两眼的间隔

　　大约是 6 厘米,而 6 厘米与 450 米的距离相差太大了,所以,远的建筑物或山,我们都会看成平面的。月亮、行星、恒星等离地球的距离都不一样,但因上面这个原因——眼睛与所见物体的距离相差太大,所以我们觉得每个星球与我们的距离似乎都是相等的。

　　离眼睛 450 米以上的两个物体的立体照片也是同样的,虽用立体镜来看,仍然不能感觉其起伏的情况。

　　不过,要拍立体照片还是有办法的。只要在拍摄前后两张照片时,移动两个眼睛的宽度以上的距离就可以了。然后把这两张照片用立体镜来看,它就会像是由这两个眼睛间隔更大的距离拍出来的照片似的,显得极富立体感,这就是风景立体照的拍摄秘诀。

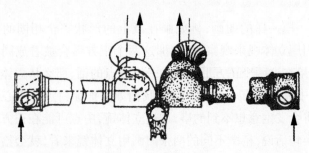

图 107　立体望远镜

　　从上述内容来看,把两个望远镜组合,就可以产生有立体感风景的装置了。这种装置实际上是存在的,两个望远镜的间隔比两个眼睛的间隔大,映出来的像只要利用反射棱镜便可以进入我们的眼睛。(图 107)用这种立体望远镜所看到的景色真是让人吃惊,因为远方的树木、岩石、海上的船只都会被看成立体的。用普通望远镜来看,远方的景物似乎是静止的;如果用这种装置来看,远方的景物则似乎是在动。在儿童的童话书

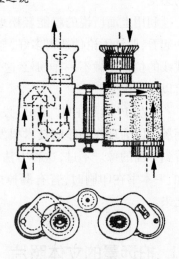

图 108　双眼望远镜

中所出现的巨人,其眼睛所看到的地上的景色就是这样吧!

使用倍率 10 倍的两个望远镜,再把对物镜的间隔调整为两眼之间间隔的 6 倍,也就是 6.5×6 = 39(厘米),这时候两眼所看到的立体感是 6×10 = 60,即 60 倍。换句话说,即使离我们眼睛 20 千米的物体,也可以看成有立体感的了。

对测量技师、炮兵、船员等来说,这种立体望远镜非常有用,尤其附带着测量距离的测量仪器的,更是不可或缺。

大型的双眼望远镜,两个对物镜的间隔比我们眼睛的距离要宽,所以看景物时显得较富立体感,(图 108)而看戏用的望远镜,因为对物镜的间隔较小,导致立体感不强,使景物看起来很不自然。

12. 用立体镜来看宇宙

用立体望远镜观察月球或其他星球,应该看不到其表面的起伏吧!虽说是用立体望远镜,但毕竟离地球的距离太远了,所以仍给人以望尘莫及之感。即使用两个望远镜拼合起来,也就是说把这两个望远镜离开几十或几百千米来组合成立体望远镜,也看不见几千万千米外的星球表面的起伏。这时候,立体照片可就很有用了。譬如说,你可以在某个晚上对着某一个星星拍摄,第二天晚上再来摄影同样的星星,那么拍出来的两张照片虽是在地球上同一地点摄影的,但是就太阳系而言,则是在不同的地点拍摄。因为地球在公转轨道上,一夜能移动几百万千米,所以拍出来的照片当然不会相同。然后,把这两张照片放进立体镜对比,你自会发现它们不是平面性的,而是有远近感的立体照。

现在,立体镜已被应用到观察火星轨道与木星轨道之间的许多活动的小星星上了,直到今天,这些小星星都是在偶然状况下被发现的。在不同的时刻拍摄同一部分的两张照片,再用立体镜来观察,马上就可以发现小星星会很明显地从背景中浮现出来。

使用立体镜,不但可以查出不同的点的位置,而且连其明亮程度的差异都可以查出来。用这种方法,还可以发现周期性改变亮度的"变光星"。照片上的某个星的亮度改变时,用立体镜可以立即发现。

13. 用三只眼睛看东西会如何

人能否用三只眼睛来看东西呢？又是否能拥有第三只眼睛呢？

虽然科学很发达，但是仍无法给人们第三只眼睛，不过，至少能够给人一种如同有第三只眼睛看东西一样的能力吧！

失去一只眼睛的人看立体照片时，可以直接感受到旁人所无法感受到的立体感。他们只要把别人用左右眼分别照出来的照片交互看即可。换句话说，双眼正常的人用双眼同时看东西，而只有一只眼睛的人就按顺序来看，所得到的效果还是和前者相同。因为左右眼同时看时，会融合为一个像，同理，以快速度交换映出来的像，也会融合为一个像。

如果这可以办得到，那么我们（双眼正常）就可以先用一只眼睛去看快速度交换的两张照片，再用另一只眼睛去看从第三个角度拍的照片。也就是说，像对同一个物体用三只眼睛来看的那样从三个角度拍照，制成三张照片。其中两张快速交换，且只用一只眼睛去看，这时，这两张照片的像就会相互融合，然后将剩下的那张再用另一只眼睛去看，最后这三个像就会整个融合在一起，成为很有立体感的像。

用这种方法，即使是用两只眼睛去看，但所得的效果就如同用三只眼睛去看的一样，立体感很强。

14. 怎样去感觉物体的光泽

图 109 所示的是画着多面体的两张图画，一张是在黑纸上用白色笔画的，一张是在白纸上用黑色笔画。这两张图画用立体镜来观察会怎样呢？恐怕很难预料吧！关于这点，德国的物理学家、心理学家艾尔摩茨作了如下的说明：

"同样的图形，一个画在白纸上，一个画在黑纸上，如果把这两张图画放在立体镜下观察，即使所使用的纸张完全没有光泽，这个图形依然会显得很有光泽。如图 109 所示，用立体镜来看时，其结晶模型好像有光泽的黑圈一般。这么说来，立体照片如果是水面的光辉或树叶的光泽，想必可以显得更清楚了。"

俄国著名的生理学家谢节诺夫在 1867 年出版的《感觉器官的心理学·视觉》中，描述了这样令人吃惊的现象：

"受到不同光线照射的两张图片，或是涂上不同颜色的两张图片，如果用立体

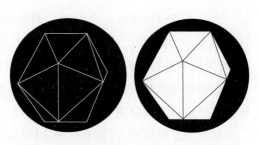

图 109　把这两张图画用立体镜来观察时，就像是有光泽的黑铅

镜来观察，有光泽的物体在现实条件下会显现出来。那么，没有光泽与有光泽的面的差异在哪里呢？没有光泽的面能把光线向各方面反射，所以无论从哪个角度来看，物体就好像与平常一样，受到光线的照射映出来了。相反，磨得光滑的面，只能将光线向着某一方向反射，所以，磨过的表面能从一只眼睛里看到反射的光线，而另一只眼睛受到反射光线的数量就很少（这相当于用立体镜来融合白色表面和黑色表面）。这是无法避免的事。"

综上所述，可知我们看物体觉得很有光泽的理由就是映在右眼的像与映在左眼的像的明亮度不一样。（当然也有其他因素，不过这里所说的状况也是很重要的一种）

15. 从疾驶的火车上看风景时

前面已经说过，如果一个物体的两张照片或画成两张图画快速度交替，那么，我们看时就会产生立体感。可是这种现象是否一定要在我们静止时看才有效呢？如果我们在活动中看静止的像，是不是也一样有效？会产生同样的效果吗？

这种立体效果对后者来说，仍然可以产生。当我们坐在疾驶的火车里看外面的风景或拍摄外面的风景时，使用立体镜来看，便能看到同样的画面，也就是很有立体感的画面。这种经验，我相信每个人都有过吧。只要我们注意看，前面与后面的景色可以很清楚地区分开来，就是说远近感会增加，"立体视半径"会超过 450 米。这种 450 米就是我们眼睛静止时，看有立体感的物体的极限。

　　为什么透过疾驶的火车的窗户看外面的景色时,会有很舒畅、很愉快的感觉,大概就是上面所说的原因吧! 例如,我们坐汽车以高速行驶时,可强烈地感到大树或树枝,甚至树叶的立体感。

　　在山边开汽车时,也有同样的感觉。也就是说,你可以看到山谷很有立体感地呈现在眼前。

　　只有一只眼睛的人,也有这种立体感。前面已说过,要有立体感,并不一定要不一样的风景或用两只眼睛来看。只要把不同的图画或风景以高速交换看,使之融合为一体,即使一只眼睛也可感受到立体感。

　　以上所说是真是假,我们可以亲自去体验。我想到了 100 年前"罗贝"所描写的惊人的现象:"窗外的物体,看起来很小。我们看到以高速度向后飞的物体时,却总以为物体就在很近的地方。"这是错误的。实际上,物体真正在近距离时,看起来一定要比普通的小才行。

16. 戴有色眼镜来观察

　　在白纸上用红色笔写的文字,如果通过红玻璃来看,只见红红一片,什么也看不见。这是红色文字与红色背景融合在一起的结果,所以看不见任何东西。如果是用蓝色笔写的文字,而通过红玻璃来看,那么在红色背景上就可以看到黑色的文字。为什么蓝色笔写出来的字会变成黑色的呢? 思考一下你就知道了。这是因为红色玻璃不透蓝色光。红色玻璃会让我们觉得是红色的理由,就是它只让红色光通过。(所以有蓝色文字的地方就会没有光线,也就是说只能看见黑色文字)

　　彩色立体照片也是根据这种原理制成的。这种用特殊方法印出来的照片,和立体镜有同样的效果。这种立体照片是把左眼与右眼所看到的像做双重的叠印,也就是说一面用蓝色滤光镜摄影,一面用红色滤光镜来摄影。然后把这种照片用左右不同颜色的有色眼镜来看。右眼就会透过红色的玻璃去看蓝色的像,换句话说,只去看与右眼对应的像时,我们的眼睛就只会看到蓝色的像。同时,左眼也会透过蓝色玻璃去看红色的像,换句话说,左眼与右眼各看其对应的像。所以,我们看东西时才能有与立体镜同样的效果,才能有立体感。

17. 书的高度

把书竖立在桌子上,然后把书拿开,请朋友用粉笔给书的高度作个记号,然后再把书平摊在桌子上看看,到时就会知道朋友所作的记号比书的实际高度要低。

这个实验是以粉笔作记号的,也可以不作记号,用手比出来。当然,如果不用书,用帽子也可以。

之所以会产生这种错觉,主要是因为我们以纵方向去看物体,视觉上会产生比原物短的错觉。

18. 钟塔上的计时盘

前面所说的那种错觉,在我们看高处的物体时,也会时常发生。尤其是看计时塔上的计时刻盘时,我们常会觉得钟和地面上看到的一样大小,这是因为我们站在地上的缘故,实际上,计时钟比我们想象的要大得多。如图110所示的是伦敦西敏寺的钟,该图是他们把计时塔上的计时钟拿下来放在马路上的情形。从图中我们可以看到,在计时钟旁的人或汽车都比钟小了许多。我们再看看背后画的钟塔,可能你不相信钟塔上放钟的洞与放在地上的这个钟是同样大小吧!

图110　伦敦西敏寺计时钟的实际大小

19. 白色与黑色

从远处看图111,上面的黑点与下面的黑点之间的距离大约还能容纳几个同样大小的黑点呢?可能你会说大概可以容纳四个吧,估计没有人会说可容纳五个。

假如我说能容纳三个,也许有人会相信。那么,实际上到底能容纳

几个呢？你只要拿尺来量一量，你就会知道实际上只能放三个。

　　黑色面积和同样大小的白色面积相比，黑色部分往往显得比较小，这是个很奇怪的现象，一般被叫作"放散"，这是因为人的眼睛并非光学仪器，无法完全满足光学上的精确度。换句话说，透过眼睛的晶状体的光线，在视网膜上没有形成很清楚的像，也可以说是由于球面收视的结果。白色物体像的边缘，有白色的边缘部分映在我们的视网膜上，所以我们会觉得较大。

图 111　放散现象实验

　　德国诗人歌德对自然有很敏锐的观察力，对这些现象在其《色彩论》中作了如下的说明：

　　"一样大小的白色物体与黑色物体放在一块儿的时候，黑色物体看起来比白色物体要小。以黑色为背景的白点，和以白色为背景的一样大小的黑点放在一起的话，我们会觉得黑点比白点小了大约五分之一。穿黑色衣服的人看起来比穿白色衣服的人要瘦，其主要原因也在此。在尺子的远处放一光源，然后从尺子的边缘来看光源，你会觉得在尺子的边缘附近好像有黑色切口一般。另外，在太阳没入地平线下或从地平线上升起来时，在地平线上好像也有缺口。"

　　歌德的这种解释很有道理。白点与黑点的大小比例可以说是以它们离我们眼睛的距离的远近而定。为什么呢？请看下面的说明吧！

　　把图 111 拿开，拿到离眼睛更远的地方，这个错觉可能更明显。这完全是由球面视差所引起的。如果白色边缘的宽度没有变化，那么这个图就是放在近距离来看的。如果白色边缘的宽度占了全部的 10%，且把这张图放在远处来看，像就会显得较小，比例也就不是全部的 10% 了。实际上，很可能把 30% 的也看成如 50% 的一

图 112　从远处来看，白色圆圈好像是六角形

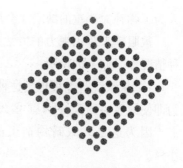

样,人眼睛的这种特性可用图 112 来说明。

近距离来看图 112,你会觉得背景中有许多白色的圆圈,如果退后两三步(视力好的人退后七八步)来看这张图,你会觉得好像是蜜蜂巢似的,是白色六角形集合在一起,而不再是白色的圆圈了。

这种错觉现象如果用放散现象来解释,似乎太过牵强。因为如图 113 所示

图 113　从远处来看,黑点部分会呈六角形

的,白色背景有很多黑点起伏,然而从远处来看,又像六角形的圆圈。(这是放散现象的结果,黑点不但不会变大,反而会缩小)一般来说,现在人们对于这些错觉的解释,有许多地方都不全面;大部分的人对于为什么会产生这种错觉的原因,并没有给出令人满意的解释。

20. 哪一个字看起来最黑

图 114 所示的这些文字,哪一个看起来最黑呢?这可显示出人类眼睛另一个不完美的地方,也可说这是因为人有乱视的毛病。我们来看这张图,会觉得全都不一样黑,如果你觉得哪一个文字特别黑的话,你就把这文字记录下来,然后把这些文字旋转 90 度,也就是把文字横放来看,你一定会觉得很奇妙!本来你认为最黑的文字现在不再是了,而其他文字反而变黑了。

实际上,这四个文字的黑色程度是一样的,只是它们在不同方向有阴影罢了。如果人类的眼睛像高级的光学透镜那么完美的话,看文字的黑色程度就不会受

图 114　哪一个文字看起来显得更黑

阴影方向的影响了。但是,由斜方向进入人眼的光线,无法作同样的直射,所以光线不会集中在同一焦点上,所以人眼没办法一下子把纵线、横线、斜线看得同样清楚。

不犯上面所说的错误的眼睛非常少,不过通常只有乱视特别厉害的

人为了弥补太严重的缺陷才会用眼镜来矫正。

戴眼镜来矫正视力的方法有几种。著名的德国学者贺姆荷茨对这种情况作了如下的说明：

"如果眼镜行老板想卖这种眼镜的话，我们要劝他放弃这种想法，因为即使顾客买回去，过不了多久，他们也会把这些东西都退回来的。"

因为这是人眼睛构造上的缺陷而产生的错觉，所以不值得大惊小怪。

21. 凝视的肖像画

有一种肖像画，也许你曾看过。这种肖像画里的人物的眼睛似乎一直瞪着我们一样，即使我们走动，他的眼睛好像还是在盯着我们似的。这种肖像画在古代就有了，当时很多人都把这种现象看成一个难于解答的谜题。为什么那种肖像画会产生这样奇怪的现象呢？

19 世纪的俄国作家果戈理曾写过一本小说《肖像画》，小说里曾经这样描述：

"两只眼睛一直凝视着他，好像根本不看其他的东西似的……这个肖像画里的人，好像能看透他的心似的。"这是什么原

图 115 不可思议的肖像画

因呢？因为这幅肖像画所画的人物，他的瞳孔正好被画在眼睛的正中央，所以我们才会有这种感觉。有时候我们看图画，会觉得画中的人一直用手指着我们，其理由和前面所说的肖像画的道理是一样的。类似于这样的肖像画或图画，往往使一些胆子较小或略有神经质的人感到害怕。

现在，这种图画经常被用来做宣传图片或广告海报。

22. 其他的错觉

如图 116 所画的钉子乍看之下和普通的钉子一模一样。可是把这

张图画拿到和眼睛一样的高度来看的话，我们就会觉得，这些钉子好像刺在纸里面一般。如果我们再把脸向旁边歪一下的话，那么，钉子也会变成斜的。像这种现象，也是一种错觉。

我们不能把错觉当作视觉缺陷来看待，因为错觉也有其存在的价值。如果没有错觉，那么，图画就没有意义了，我们也就享受不到图画带来的乐趣了。瑞士的数学家里昂哈德·奥拉在他的一本著作《与各种物理对象有关的信》中，有过一段描述：

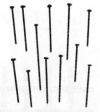

图116　好像是插起来的钉子

图117　直立的文字

"……所有的图画都是因这种错觉产生的。如果我们用真实的态度来判断事物的话，就无所谓'艺术'（图画）了。也可以说，我们会变成瞎子一样。画家为了颜色的调配，也许花了大量的精力，而我们还会得到这种结果：譬如在一块板子上，这边有红色的点，那边有浅蓝色的点，这边又有黑色的点，那边又有几条白色的线，这些都是在同一个平面上，我们无法感觉出距离的差异，因此，我们连一个对象都没有办法描绘出来。无论画家如何去描绘，都只会是让我们感觉到纸上写了几个文字……如果真的变成那样的话，我们一定会很遗憾吧！因为，我们平常所享受的艺术（欣赏图画等）带来的乐趣，现在都没有了。"

图118　不是漩涡形

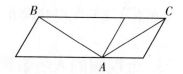

图119　线段 AB 等于线段 AC

错觉的种类极多，如果把产生错觉的例子都收集起来的话，一定可以出版一本厚厚的书。现在,我们举出几个大家比较陌生的例子来说说。

先看图 117 和图 118。假如我说图 117 里的文字是直立的,恐怕没有人相信吧!假如我又说,图 118 所画的图形并不是漩涡形,那么,大家恐怕会更吃惊吧!不过,如果你用铅笔沿着"漩涡形"的线条去描画的话,自会知道,那不过是个圆罢了。又如图 119 所示,线段 AC 看起来比线段 AB 短,可是,如果你用尺子量一量的话,你就会发现,线段 AC 和线段 AB 实际上是一样长的。

至于图 120、图 121、图 122 所示的错觉,请读者自己看看图下的说明吧!

图120 白色的四方形和黑色的四方形、白色的圆和黑色的圆是一样大的

图121 在白线的交叉处,一下子出现灰黑色的小方格,一下子又消失了。实际上并没有灰黑色的格子

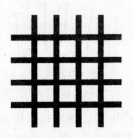
图122 黑色格子的交叉点会出现带着灰色的点

图 121 所呈现出来的错觉效果非常好。我们从下面一个有趣的事实就能知道。出版这本书的编辑,看到印刷厂送来的这张图的样品时,觉得白色线条的交叉点有些灰黑色污点,以为是印刷厂弄脏的,所以,打算叫印刷厂拿回去重印。这时,正巧我到这家出版社去办事,看到他们正在争论,于是马上向他们作了解释。

23. 近视眼的人所看到的世界

近视眼的人如果没戴眼镜的话,就会看不清楚东西。对于近视者而言,在不戴眼镜时所看到的物体是呈什么形状呢?这一点,视力正常的人是很难想象得到的。在这里,我来稍微介绍一下近视者眼中的世界。

视力正常的人看一棵树时,是以天空为背景的,能看到每一根树枝和每一片树叶。患近视眼的人,如果不戴眼镜的话,就只能把一棵树看成一团模模糊糊的绿色,至于微小的部分,根本看不清楚。

近视眼的人往往能把人看得更年轻、更具魅力,因为别人脸上的皱纹他一点儿也看不见。别人如果喝酒喝得脸红红的,他就会看成桃红色,甚至有时候在街上碰到一位老朋友,他也因为看不清楚而把老朋友当成了陌生人,连招呼都不打一声。

俄国诗人普希金的朋友列皮列克(也是诗人)曾经写下他当学生时的一些逸事,其中有一段是描写关于近视眼的事:

"法国的高中是不准戴眼镜的,因此,在学校里所看到的小姐都非常美丽。往往一走出学校时,他们就觉得很没意思了。"

近视眼的人如果不戴眼镜看别人的脸时,就是模模糊糊的,因此,往往不是看了对方的脸孔,而是听了对方的声音,才知道对方是谁。也就是说,是利用敏锐的听觉来弥补视力的不足的。

近视者对晚上的景色有什么感觉呢?如果你研究过的话,你一定会觉得非常有趣。因为,深夜,街头的路灯和明亮的窗户对于近视眼的人来说,都显得非常大。整排的路灯,让他们看起来就会变成好几个大而明亮的圆圈,并且这几个大大的圆圈好像能把街上其他的东西都遮住一般。走在马路上时,车子即使开到他身边了,他还是看不到车子,只能看见车子前面的两个很亮的前灯。

至于天空的星星,他们会把一等星看成四等星,会把几千颗星看成几百颗星,并且会看成像电灯一样大。看月亮也是这样,会把月亮看得很大而且很近。

为什么近视眼的人会把物体看得较大又偏歪呢?这是因为近视眼的人的眼球的前后直径太长,远方的物体便不能成像在视网膜上,而只能成像在视网膜的前方,这样,到达视网膜的只是分散的光线,所以看到的像都是模模糊糊的。

十、音和听觉

1. 寻求回声

美国作家马克·吐温有一篇小说,讲述一个男人有一种收集回声的怪癖。这个男人到处去寻找能产生回声的地方,并且把这些地方买下来。起先,他在佐治亚州买了一个能产生 4 次回声的地方,然后又在马里兰州找到了一个能产生 6 次回声的地方,之后又在缅因州找到了一个能产生 13 次回声的地方,接着又在堪萨斯州找到了一个有 9 次回声的地方,最后他在田纳西州买了一块能产生 12 次回声的地方这地方很便宜,因为这地方在悬崖边,而且有一部分坍塌了,因此,他必须得把这地方重新整修,才能使回声恢复到原来的 12 次。于是他花了几千美金请了几位建筑师来整修这个地方,可是没有一位建筑师有把握把它修好,最后反而把这个地方整修得更糟。

世界各地,尤其是山岳地区,能产生许多次回声的有很多处,而且有一些地方自古以来就很有名。

现在,我举出几个以回声闻名于世的地方:

英国的乌德斯尔克,能听到 17 次回声。哈鲁尔斯塔特附近的勒宁布尔克的一个废墟,能够听到 27 次回声,可是自从一边城墙倒塌之后,这里再也听不到这种回声了。捷克阿德尔斯堡附近一座圆形山的某处,能够听到 7 次回声,不过离开此处几步远的地方,即使是枪响,也不会产生回声。还有意大利米兰附近的某个城堡(这个城堡现在已经不存在),在这里可以听到几十次的回声,如果是从窗户发射子弹所造成的枪响,可以产生 40~50 次的回声,而人的声音则可以产生 30 次的回声。

　　回声就是声波碰到某种障碍物而反射回来的现象,和光线的反射一样,声波的反射角也和入射角相等。

　　现在,请看图123,假定你在城堡的下面(C 位置)时,你喊叫的声音就会沿着 ca、cb、cc 三条线而到达 AB,当音波碰到 AB 这个反射面时,就会向上反射,即沿着 aa、bb、cc 的方向反射出去,这时,声音就不会再回到你自己的耳朵。如果你站在和障碍物同样高度或比障碍物更高的地方时,情形就不同了。(图124)声音会沿着 Ca、Cb 的方向向着下方传出去,先在地面做了一次或二次的反射,然后沿着 Ca, aC 或

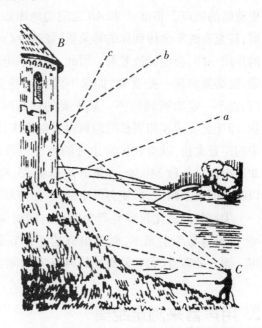

图 123　不会产生回声

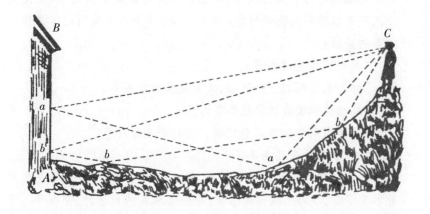

图 124　能够清楚地听到回声

Cb,bC 回到你的耳朵。如果你(C)和障碍物(AB)之间的地面有凹下去的地方,那么,这个凹下去的地方就会像有凹面镜的作用一样,能够产生更清晰的回声。相反,C 和 AB 之间的地面如果是凸起来的,回声就会减弱,甚至有时不会传到你的耳朵里,像这种凸起来的地方,就像有凸面镜的作用一样,会使音波散射。因此,在不平坦的地方,如果要得到回声的话,就必须掌握一些要领,如果不懂得这些要领的话,即使有适当的场所,也不一定能听到回声。最主要的就是所站的位置不要太靠近障碍物,即让音波通过相当长的距离再反射回来,这样比较好。否则,反射回来的声音太快,就会和你发出去的声音一致,这样是毫无意义的。我们知道声速是每秒 340 米,在离开障碍物 85 米的地方喊叫,0.5 秒之后可以听到回声。因此,即使会产生回声,回声却不一定清楚。

尖锐的高音比较容易产生回声。例如少女的尖叫声、笛子声、雷声等,都很容易产生回声,而且很清楚。有节奏的拍手声,也极易产生回声。而人的声音,尤其是男性的声音,则不容易产生回声。

2. 用声音来测定距离

知道声音在空气中的速度,则可以利用"声速"来测定距离。威尔诺在他的著作《地心之旅》中,曾经描述过这种情形:

在地底旅行中,教授和他的侄儿最后迷路而且失散了,但是两个人还可以听到彼此喊叫的声音。于是,两个人用喊叫的方式作了如下的谈话:

"叔叔!"侄儿喊叫着。

"你怎么了?"过了一阵子,才听到教授的声音。

"我很想知道我和你距离多远。"

"这是很简单的事。"教授说,"你的手表没坏吧?"

"对,我的手表还在走。"

"那好,等下次你叫我的时候,就看一下手表的时间,等我听到你的声音后,我马上喊你的名字,等你听到我的声音时,你再看一下手表的时间。这样你懂了吗?也就是说,你发出声音和听到我的声音这一段时间的一半,就是声音从你那里传到我这里的时间。"

"我知道了,叔叔。我要叫你的名字了。"于是侄儿叫着教授的名字,并看了一下手表。隔了一阵子,那边传来教授呼唤侄儿名字的声音,于是侄儿又看了一下手表,然后又喊:"叔叔,一共 40 秒钟。"

"很好。"教授的声音又传过来了,"那也就是说,声音从你那边传到我这边需要 20 秒的时间。而声音在空气中每秒能传播 340 米,这样计算的话,从这里到你那边,差不多有 7 千米的距离。"

如果上面这段对话你能理解,下面的问题你也就会回答了。这个问题就是:从看到火车头的汽笛从远远的地方冒出白烟时算起的 1.5 秒后才听到汽笛的声音,那么,火车距离我们有多远?

3. 声音的镜子

任何一种能反射声音的障碍物,例如一栋很高的建筑物、一面很高的墙、一座山等,对声音而言,都像一面镜子一样。也就是说,障碍物能反射声音就像镜子能反射光线一样。

"声音的镜子"有的是平滑的,有的则是曲线形的。声音的凹面镜具有像"反射望远镜"一般的作用,它能把声波集中在某一个焦点上。

如果有两个比较凹陷的碟子,就可以用来做一个有趣的实验。把一个碟子放在桌子上,然后站在距离桌子几厘米的地方。右手拿着手表摆在桌上的碟子上,左手拿着另一个碟子放在耳朵旁边。(图 125)这时,如果手表、耳朵和两个碟子的位置适当,那么,你就能从耳朵旁边的碟子里听到滴滴答答的声音。如果你再把两眼闭起来,就会觉得滴嗒声似乎变大了。这时,如果你仅凭听觉来判断的话,没有办法知道这只手表到底是在右手还是在左手。

图 125 声音的凹面镜

图 126　轻声细语的半身像（摘自基鲁赫小说《1560 年》）

　　图 126 绘的图片，是从一本 16 世纪的古书中摘录下来的，在这本书里面记载着一种有趣的传声装置。设计这种精巧装置的人把石制的传声管藏在墙壁里，而且这个传声管是从庭园通到室内的，当庭园中的各种声音经过传声管传入室内时，就会被圆形天花板反射而集中在传声管附近的半身像的嘴唇上。于是，来访问这个建筑物的人，就好像听到大理石做的半身像正在轻声地自言自语，或正在低声地唱歌。

4. 剧场的声音

　　有些剧场的音响效果非常好，即使在离开舞台很远的座位上，也能很清楚地听到舞台上的声音，而有些剧场的音响效果就很差，甚至连坐在舞台附近的观众，都听不清楚舞台上演员的声音。这是什么原因呢？美国某位物理学家曾在他所著的《声波和声音的运用》中提到这一点：

　　"在建筑物中，当讲话停止时，余音还缭绕了好几秒钟。这时，假如有别的声音产生，听众就必须集中精神才能勉强听出演员在说什么。譬如，演员说了一句台词后，余音维持了 3 秒钟，在余音还没有消失之前，另一位演员又以每秒 3 音节的速度讲话,如此,室内就有 9 音节的声波交错反射着,所以,听起来就显得异常嘈杂。演员如果要避免这种情况发生,讲话时就应该在上一句台词和下一句台词之间停顿几秒钟,而且声音不要太大。有些演员不懂这种物理现象,反而把说话的声音提得更高,结果只会是更嘈杂了!"

以前的人认为音响效果好的剧场只是偶然产生的。现在,消除余音的方法已经发明出来了,而且有好几种。简单地说,要想音响效果良好的话,就得想办法吸收多余的声音(但也不能完全吸收掉),最好的方法就是打开一半的窗户。还有,听众也是很好的吸收体。所以,一个听众稀少的空剧场,音响的效果反而不好。

可是,"音"被吸收的程度太大,声音就会变得太低而不易听到,余音也会太少,这样的话,声音就会显得不连贯。所以,余音不能太长也不能太短,必须恰到好处。怎样的"余音"才是恰到好处的呢? 这是依剧场而定的。

在剧场里,还有一样很有意思的东西,那就是"提词箱",这是每个剧场都有的设备,而且它们的形状都一样。这种"提词箱"是利用物理原理而发明的。它的天花板部分就是"音"的凹面镜。它不仅能够将"提词"的声音传给观众,而且能够把"提词"的声音传给演员。

5. 海底的回声

在人们学会利用回声来测定海洋的深度以前,回声可以说没有丝毫的利用价值。这种用回声来测定海洋深度的装置,是在偶然中被发明出来的。1912 年,泰坦尼克号客轮在大西洋上和一座大冰山相撞,船上的旅客全部罹难。为了避免这种事件再度发生,有人便着手研究利用回声在夜里或浓雾中发现轮船前面的冰山的装置。虽然,开始并没有成功地发明这种装置,但是,利用回声来测定海洋深度的方法,却成功了。

图 127 所示的就是测定海洋深度的装置。先从船底把声波发射到海底,再利用安装在船底的装置把回声收集起来,从而测定出声波发射出去到声波反射回来的时间,算出海洋的深度,即海洋的深度等于声波

发射出去到反射回来的时间的 $\frac{1}{2}$ 乘以水中的声速（约 1500 米/秒）。

利用回声来测定海洋深度的技术，可以说是海洋科学上的一大发明。在此之前，测定海洋深度的方法是"测铅"，就是把铅球绑在绳子的一端，然后把铅球丢进海里，让铅球一直沉到海底，再用人力或机器把铅球拉上来。这种"测铅法"花费的时间太多，平均每分钟只能测定 150 米，所以要测定 3000 米的深度，就得花 45 分钟的时间。可是利用"回声

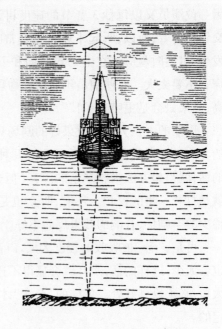

图 127 "回声探测器"的原理

探测器"，只需花几秒钟就可以得到准确的答案，而且误差仅在 1/4 米以内，船还可以全速行驶而不必慢下来或停下来。

在海洋学或海底地质学的研究方面，对于海底深度的测定是非常重要的。不仅如此，浅海深度准确而快速的测定，对于航行的船只尤为重要。如果船只安装"回声探测器"的话，就可以全速驶向岸边，还可以在暗礁较多的地方安全地行驶。

最近，"回声探测器"已不再使用普通的声波，而是使用频率超过 20000 赫兹的超声波。这种超声波人的耳朵听不到，它是利用"水晶振动器"产生的。

6. 为什么蜜蜂会发出嗡嗡声

为什么许多昆虫会发出嗡嗡的声音呢？虽然这些昆虫没有特别的发声器官，但是这些昆虫在飞行时会发出嗡嗡的声音，这是为什么呢？因为那些昆虫能在一秒钟将翅膀振动好几百次，所以才会发出嗡嗡的声

音。换句话说,它们的翅膀就像一种振动板。通常,振动板若能在一秒钟振动 16 次以上,就能产生某种程度的声波。

那么,昆虫一秒钟能振动翅膀多少次呢? 判断的方法就是凭借昆虫振动翅膀所产生的声音的高低而定,因为声音的高低和振动的次数是成正比的。各种昆虫每秒钟的翅膀振动次数并不相同。例如:苍蝇每秒钟振动翅膀 352 次,在飞行中,会发出 F 调的音。蜜蜂为每秒 440 次,在飞行时会发出 A 调的音(不过,如果带着花蜜飞行的话,翅膀的振动次数就会减少到每秒钟 320 次,这时会发出 B 调的音)。甲虫在飞行时,发出的是低音,所以翅膀的振动次数也就比较小。会叮人的蚊子每秒钟翅膀振动次数是 500~600 次。飞机的螺旋桨回转数约为每秒 25 次,比起昆虫,小多了。

昆虫翅膀每秒钟的振动次数也会因天气的冷热而改变。如果天气寒冷,振动的次数就会增加。昆虫在飞行时,如果要改变飞行方向,只要把翅膀振动的振幅和翅膀的倾斜度改变一下就可以了。

7. 声音错觉

在日常生活中,声音错觉时常发生,只是我们没有留心罢了!

美国科学家威廉·詹姆士在他的著作《心理学》中,曾提到一个声音错觉的例子:

有一天晚上,我在书房看书。突然听到屋顶上有一种奇怪的声音,这种声音忽而消失,忽而又可以听到。为了弄清楚究竟是什么声音,我跑到外面去,可是当我站在屋外时,那声音却又听不见了。我只好再回到书房里,可是当我坐在书桌前面时,那声音又出现了。我很惊讶地又跑到屋外去,可是屋子外面仍然是一点声音也没有。当我再次回到书房时,我才发现,原来那声音是睡在床上的小狗发出来的鼾声。

让人感到不可思议的是,揭开这种声音的真相后,想要再来试试这种错觉就没有办法了。

8. 螽斯①在何处鸣叫

我们经常会弄错声音的来源。我们的耳朵能够很轻松地辨别出手枪到底是从右侧还是从左侧发射的(图128),但是往往搞不清楚声源的位置是在我们的前方还是后方(图129)。也就是说,声音来自前方时,我们往往会以为声音源自我们的后方。

图128 到底是用左边的手枪还是用右边的手枪射击

要证明这一点很容易,只要做如下的实验就可以明白了:

把朋友的眼睛蒙起来,让他坐在房间的中央。(这时必须留心,别让他的脖子向左或向右转)你的双手各拿一枚硬币,在朋友的面前(两眼中间)把硬币上下相碰发出声音。然后,问你的朋友:硬币是在什么地方相碰的? 你会发现,他所猜的方向正好和钱币相碰的方向相反。

---

① 螽斯(zhōng sī):昆虫。身体绿色或褐色,触角呈丝状,有的种类无翅。

可是,硬币如果不是在正中央相碰而是偏左或偏右呢?那么,他就不会猜错了。因为,如果偏左或偏右,硬币相碰的声音就会先传到距离较近的那只耳朵,所以,他可就不会搞不清楚声音的方位了。

做了这个实验以后,你就会知道为什么当你听到螽斯在草中鸣叫时,你要找到螽斯却很困难的原因了。譬如说,当你听到螽斯在你后方一两米处鸣叫时,你便把头转向那个方向,但是怎么看也看不到螽斯,而且,就在你把头转向后方时,叫声似乎又变成从前方传过来了。于是,你再把头转回前方,这时,却又感觉叫声又跑到后方了。像这样,你一定会认为是螽斯一下子跳到你前面,一下子又跳到你后面。事实上,螽斯并没有改变位置,它一直在原来的地方鸣叫着。你之所以会觉得螽斯的叫声忽前忽后,那是因为你产生了错觉。换句话说,螽斯在你的前方鸣叫,可是你听起来感觉是在你后方鸣叫一样。这时候,如果你要找到螽斯,你的脸就不能朝着你所感觉到的声音传过来的方向,而应该朝着相反的方向,这样,你才能找到螽斯。

图 129 在什么地方打枪

9. 不可思议的听觉

当你嘴里嚼着很脆的煎饼时,你的耳朵会听到很大的咀嚼声,你嚼得越用力,听到的声音就越大。可是,站在我们旁边的朋友吃着同样的煎饼时,你却听不到像自己吃煎饼时那么大的声音。同样是吃煎饼,为什么自己的声音那么大,而别人的声音却那么小?

因为我们吃煎饼时的咀嚼声是直接传到自己的耳朵,而朋友吃煎饼时的咀嚼声不是直接传入我们的耳朵。我们的头骨和其他弹性物体一样,能传播声音,(传播声音的媒质密度越大,我们感觉到的声音就越强)所以,我们嚼煎饼的声音经过头骨而到达听神经时,声音就会变得极大,而站在旁边的朋友的咀嚼声音必须通过空气才能传入我们的耳朵,所以听起来的声音也就很小。

为了证明这一点，我们可以另外再做一个实验。用牙齿咬着手表的表面，然后用手把耳朵紧紧地捂住。那么，手表发出来的滴答声就会受到头骨的增幅而变得非常大，听起来就如同铁锤敲打东西的声音一样。

历史上著名的音乐家贝多芬，到了晚年时，耳朵几乎听不见声音。因此，他在弹钢琴时，就把拐杖的一端放在钢琴上，然后用牙齿咬住拐杖的另一端，这样，就可以听到钢琴的声音。同样的道理，即使你患重听，只要你的内耳没有很严重的疾病，那么，你也能够配合着音乐的节奏起舞，因为音乐能通过地板和你的头骨传到你的听神经。

10. 奇妙的腹语术

有一位叫作韩普森的教授，曾对"腹语术"作了如下的描述：

> 表演腹语的人能发出好像有人在屋顶走动的声音，而且声音忽大忽小，就像屋顶上的人正在踱来踱去一般，使屋内的观众都以为真的有人在屋顶上走动。同时，表演者还能发出另一种声音，使观众听起来好像有一个人正在屋子外面和屋顶上的那个人说话，而且对答很真切。于是，观众的错觉更加强了。

通常，表演腹语的人，为了不被观众识破，往往得使一点小技巧，以免观众的注意力全部集中在自己的脸上。因此，有时就弯曲上半身，让观众看不见他的脸，或者用手靠着耳朵，装作很认真听的样子，以免观众看到他嘴唇的动作。总之，表演者必须把自己的嘴唇动作减到最小，从而使观众不会留意到他的嘴巴。

表演腹语的人还有另一个弱点，就是所有的声音都从他这个地方发出来。譬如说，屋顶上走动的声音和屋外面人的声音，以及其他种种他所发出来的声音，都是从他那里传出的，这样，观众不就很容易识破了吗？事实上，表演者正是利用我们很容易对声源产生错觉的这个道理来蒙骗观众的。

十一、热能

1. 茶壶盖上的小孔

金属制的茶壶盖子,为了让蒸汽疏散而开了一个小孔。茶壶在加热时,盖子会向四面八方膨胀,这时,小孔会变得怎么样呢? 到底是变大还是变小呢?

茶壶在加热时,盖子上的小孔通常来说会变大。不管是大的孔或小的孔,孔周围的金属都会伸张,容积就会增加。换句话说,容器受到加热,容积就会增加,有些人往往认为容积会减小,这是错误的。

2. 茶壶为什么会发出声音

茶壶里的水在沸腾之前,为什么会发出声音呢?

和茶壶壁直接接触的水被加热之后,水中就会产生许多小水泡,这些小水泡就会形成水蒸气,而形成蒸气的水泡受到旁边热水的推动就浮到水面上,继而又重新进入热水中,因为此时的热水温度尚未达到100℃。水泡中的水蒸气在温度降低时就会凝结,泡壁受到旁边热水的压力就会缩小。如此,在水开始沸腾之前,水泡就愈来愈多,然后上升,在尚未浮到水面之前破裂,发出很小的破裂声。因为这些数不尽的破裂声,所以在水沸腾之前,我们的耳朵就会听到像小鸟鸣叫似的声音。

当茶壶内的水全部沸腾时,水泡虽然从水中通过,但是不再缩小了,因此,那些类似小鸟鸣叫的声音就听不到了。

3. 用纸锅煮东西

请看图 130 中这位小男孩,他正在用圆锥形的纸锅煮蛋。看样子,这个纸锅可能会燃烧,里面的水会流到油灯里。究竟纸锅会不会燃烧呢? 试试看就知道了。首先,用很好的硫酸纸制作容器,然后把它安装在铁丝框上。这样,就可以做试验了,之后,你就会知道这个纸锅是绝对不会燃烧的。

图 130　纸锅煮蛋

理由很简单。水在没有盖子的容器里,温度只能升到 100℃ , 又因为水有很大的热容量,所以,水能吸取纸张所不能吸收的多余热量,防止纸张燃烧。在实用方面,用图中下面的小纸盒就可以了。

4. 用熨斗去除油污

布料被油污弄脏时,可用熨斗来清除,这话从何说起呢?

油污可用加热的方法从衣服上除掉。其原因是:油脂的表面张力是随着温度的升高而减小的。"……所以,如果油垢各部分的温度不一样的话,油垢就会从温度高的部分移向温度低的部分。我们把加温的铁片在布的表面压一压,这时,铁片和布料之间要垫一块棉花,那么,你就会发现布料上的油垢被吸到棉花上了……"(麦克斯韦"热理论"[①])

5. 风从哪里来

冬天我们怕风从外面吹进来,所以,总是把窗户关起来。但是,你仍会感到有风吹进来,而且,脚部也有寒冷的感觉,这是怎么回事呢?

---

① 　詹姆斯·克拉克·麦克斯韦(1831—1897):英格兰物理学家和数学家。

这是因为房间里的空气时暖时冷,空气时常流动的缘故。大家都知道,空气被加热就会变轻,被冷却则会密度增加而变重。冬天我们使用暖气时,房间内的空气被加热致使冷气被推到天花板上,而周围墙壁或窗户旁边的空气比较冷,比较重,就向地面流动,所以,即使使用暖气,我们还是会觉得脚很冷。

窗户紧闭的房间内的空气就有这种流动情形,如果给小孩子玩的气球绑上一个适当重量的坠子,然后放在室内,这时,我们就可发现气球飘到天花板后还会再掉下来。

现在,我们在暖气旁把气球放出去,这时,我们可以看到气球先飞到上面,再飘到窗户的一边,最后沿着墙壁掉落到地板上,然后,又飘到暖气旁,再往上飘,不断地重复。由此可知,冬天紧闭的房间中,也有空气在循环流动,这是可用眼睛来确认的。

6. 用冰块、热水来加热

我们能不能用一块冰来给另一块冰加热呢?

我们能不能用一块冰来冷却另一块冰呢?

还有,我们能不能用沸腾的水来加热沸腾的水呢?

例如:−20℃的低温冰块和−5℃的冰块接触时,−20℃的冰块就会被加热(当然温度会稍微升高),−5℃的冰块就会被冷却(温度会稍微降低)。

所以,用冰块来加热或冷却冰块,是可以做到的。

可是,用沸腾的水无法加热沸腾的水(不过,气压要相同)。这个理由就是,在一定气压下,沸腾的水会保持一定的温度不变。

7. 不会燃烧的纸

把完全干燥的纸放进蜡烛的火焰里,也不会燃烧起来,这并非不可能的事。

做这种实验时,必须用宽度较窄的纸在铜棒或铁棒上绕成螺旋状才行,越紧越好。把这种卷着纸的棒放到蜡烛火焰上时,纸也不会燃起来。

我们可以看到火焰在纸旁晃动,纸上面附有很多黑烟,不过,在棒没有被烤热之前,纸是绝不会被烧焦的。

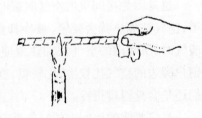

为什么纸不会燃起来呢? 和其他的金属一样,铁或铜都是热的良导体。就是说,棒、纸从火焰中吸收热量,但是,这些热量都被卷纸的棒传出去了。如果你不用金属棒而改

图131 不会燃烧的纸

用木棒的话,纸就会燃起来,因为木头的热传导性能不好。因此,如果我们使用热传导性能好的铜棒,这个实验就会做得很顺利。

8. 手拿热鸡蛋

从热水中把鸡蛋取出来,要怎样做才不会烫伤手呢?

从热水里刚取出的鸡蛋,温度相当高,表面有水。这些水一方面从热鸡蛋的表面蒸发,一方面使鸡蛋壳冷却,所以,你的手就不会觉得很烫。

这种不会烫手的情形,只能维持在蛋壳表面尚未干燥的那段极短的时间内。如果水已蒸发完,你就会感到烫手了。

图132 手拿热鸡蛋

9. 水和沸腾

我们再来做一个有趣的实验。首先,把纯水装在烧水的容器里,然后,把装着纯水的小玻璃瓶(不用玻璃瓶也可以)用铁丝绑起来,吊在容器的上面,这时,要留心玻璃瓶的瓶底不要碰到容器的底部。一切准备就绪后,就开始加热。不一会儿,容器里的水就会沸腾了。

容器里的水沸腾了,那么,玻璃瓶里的水当然也就会沸腾,如果你这样想的话,那你就错了。不知你的想法如何?

因为,不论你等多久,玻璃瓶内的水都不会沸腾。换句话说,即使容器里的水正在沸腾,玻璃瓶里的水不论等多久也不会沸腾的。当然,玻璃瓶里的水的温度会升高,但是,就是不沸腾。这是为什么呢?

容器里的开水无法使玻璃瓶内的水增高到沸腾的温度。水要沸腾的话,必须加热到100℃,但是,容器里的水并没有这种充分的热量使瓶里的水提高到沸腾的温度。换句话说,要使水变成水蒸气的话,就必须给水更多的热量。

纯水到100℃就会沸腾。在通常条件下,谁都知道,大气压强为一个气压时,再加热也无法使水的温度提高。因为,被加热的瓶子中的水的所有的热源(换句话说,就是容器中的热水)只有100℃的温度,所以,这种热源只能让瓶中的水提高到100℃。简言之,即使容器里的水温已达到100℃,但这种热量是无法从容器里移到玻璃瓶里的。

总之,用容器里的开水来加热瓶里的水是无法满足瓶里的水沸腾且变成水蒸气所需要的热量的。要使1克100℃的水变成水蒸气时,还要2100焦耳以上的热量。由于这个原因,所以,玻璃瓶中的热水即使再加热也不会沸腾。那么,玻璃瓶中的水和容器里的水有何不同呢?两者同样装的是纯水,只是隔了一层玻璃,也就是因为多了这层玻璃,所以,瓶中的水就无法和容器里的水形成同样的状态,这又是为什么呢?

图133 向长颈瓶浇冷水　　图134 再沸腾

因为瓶中的水被一层玻璃包围着,所以,无法和容器中的水同样拥有对流"自由"。容器里的水分子能和被加热的容器底部直接接触,因此,可以得到许多热量,相反,瓶中的水却只能从容器里的开水中得到热量。所以,用沸腾的纯水无法让玻璃瓶中的水沸腾。可是,你抓一把盐丢进容器中,情形就会改变。因为盐水必须在100℃以上的稍微高一点的温度才会沸腾,这样一来,就可以使玻璃瓶中的水沸腾了。

从这个实验我们可以知道,开水是无法使水沸腾的(同压强)。现在,我们再来做一个实验,就是用纯水或雪使纯水沸腾。

首先,把纯水装进长颈瓶里(其他瓶颈细小的玻璃瓶也可以),然后加热。等到瓶里的水沸腾后就停止加热,用瓶盖把长颈瓶的瓶口完全盖紧,然后,把长颈瓶倒过来。这时,要等一下,让瓶中的开水停止沸腾。

停止沸腾之后,就用热水往长颈瓶上浇——瓶中的开水是不会再沸腾的,但是,当你用冷水浇或把雪放在长颈瓶上面时,瓶中的热水就又会沸腾了。(见图133)说来也怪,为什么冷水和雪能使瓶中的水沸腾,而热水则不能呢?这时,你用手去摸摸长颈瓶,长颈瓶温温的,并不热,但是,瓶中的水确实在沸腾。

这是什么原因呢?因为雪和冷水会使瓶壁冷却,所以,瓶中的水才会沸腾。由于瓶内的空气在沸腾时,大多被挤出瓶外,所以,在用雪或冷水冷却瓶壁时,瓶内的气压就会变得很低。大家都知道,液体表面的气压低的话,就能在更低的温度下使液体沸腾(例如在高山等地方)。这时,瓶中的水虽然在沸腾,可是,温度并不高。如果长颈瓶的壁很薄,就会因为瓶内水蒸气的急剧凝结,以及外面的空气压力,而使长颈瓶破裂,所以,做这种实验时,用圆形底的球形长颈瓶比较安全。

做这种实验时,为了安全起见,最好用装灯油或装其他油的马口铁制空罐。在罐中放点水让它沸腾,并且用盖子盖紧,再用冷水往上浇,那么,罐中的水蒸气就会凝结,受到外面空气的压力,这个罐子就会凹下去,像被铁槌击过一样。(图134)说到这里,读者们应该已经明白了为什么沸腾的水停止沸腾后还会再沸腾的道理了吧!

十二、水

1. 水

　　新鲜的鸡蛋能沉入水底。只要你是一位富有经验的主妇,我相信你一定知道此事。家庭主妇要试验鸡蛋是否新鲜就可用此法。鸡蛋沉入水底就表示新鲜,如果浮到水面则此鸡蛋不能食用。物理学家也知此现象,所以下了一个结论,即新鲜鸡蛋比同体积清水重。在这里我使用"清水"这个词语的理由是欲与混合水区别,如盐水等。

　　我们能够调出浓度高的盐水,使鸡蛋比其所排开的盐水的重量轻,这种情况即是古代阿基米德所发现的浮力法则,也可用于此新鲜鸡蛋上,当然此时的新鲜鸡蛋也容易浮在水面。

　　把你的知识灵活地运用在下列的实验中,或许你能使鸡蛋不沉没也不浮在水面,而是停在水中的任何位置。若是出现这种状态,物理学家可能会说这是鸡蛋的"浮游状态"。当然,此时放在盐水中的鸡蛋必须排开和

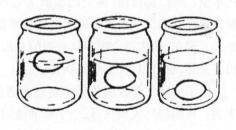

图 135

鸡蛋同体积的盐水,同时排开的盐水的重量应和鸡蛋的重量相等。在这样标准条件的盐水中,把鸡蛋放进去,如果鸡蛋总是浮上来,就多添一点水,如果鸡蛋总是沉入水底,就多加一点盐或浓盐水。当然这需要调整几次才行。你得耐心地调整,最后让盐水中的鸡蛋不浮也不沉,停在水

中的某一位置,这么一来,你便成功了。

处于水中这种状态的鸡蛋很像潜水艇。潜水艇的重量与潜水艇所排开的水的重量相等时,潜水艇就不会沉下去而是停留在水中。潜水艇里的船员们若想让潜水艇停留在水中某一位置时,就让外面的水进入艇内的特殊水槽,若要潜水艇浮到海面,只需将艇中的水排出即可。

飞行船——不是飞机,是飞行船——也依照同样原理才浮在空中。此状态很像盐水中的鸡蛋,也可说是飞行船排开和自己重量相等的空气的缘故。

2. 浮在水面的针

你能不能使一根钢针像稻草那样浮在水面上呢? 也许,你一开始就觉得这是不可能的,因为钢针即使很小,你一定还认为它会沉入水底。不但是你,我相信大多数的人也都这么想。现在,我们就来做下面的实验,我相信在看了这个实验之后,你的想法一定会改变。

拿普通且较细的缝纫针一根,在它上面涂上一层薄薄的油,然后轻轻地平放在碗、碟或茶杯里的水面上。这时,你可以看到针不是沉入容器的底部,而是一直停在水面上。

为什么针不会沉没呢? 可能你会这样想:针是钢铁做的,钢铁应该比水重。一点都没错,钢是比水重了七八倍,针应该沉到水底,但是,这根针现在的确像一根火柴棒那样浮在水面上。当然,针本身是不会浮上来的。现在,请你留心观察针旁边的水面,你会发现有一点凹下去,好像山谷一样,也可以说,整个针躺在谷底。

涂了一层薄薄油膜的针不会被水弄湿,所以,针周围的水面才会凹下去。我相信你大概见过,当手沾满油的时候,即使有一盆水泼到手上,手也不会被弄湿。例如:鹅和一般水鸟的羽毛经常被一种油脂覆盖着,这种油脂是水鸟的特别腺体分泌出来的,因此,水鸟在水中时,羽毛也不会被水弄湿。肥皂能将油脂膜溶解,从皮肤上把油脂清除掉,只要不是肥皂,就热水也不能将沾满油的手洗干净,所以,沾了油的针不会被水弄湿,从而浮在水面上。不过,水面时时想要保持水平,可是因为针的存在而无法水平。即是说,稍微凹下去的水面也想把凹下去的部分弄平。水的这种特性就是能使针不沉没,且能从水中把针浮起来的原因。

手上往往都有油脂,所以,如果用手去摸针,就不需再涂油脂了。但是,把针放到水面时,不要用力丢,要轻轻地放到水面上,让它浮起来。还有一种方法就是把针放在包烟草的薄纸上,然后平放在水面,这时,下面的薄纸就会被水弄湿,沉入水底,从而使针浮在水面上。

如果你看到水面上有行动自由的水蝇,你可能会想到,水蝇的脚一定有油脂,所以才不会被水弄湿,因此,在它脚下周围的水面就有点凹下去,而水面又有保持水平的性质,以致这个凹下去的部分要变成水平时,就把水蝇从下面往上托住。让针浮在水面的实验,不一定

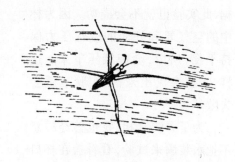

图 136

要用包烟草的纸,用柔薄的卫生纸也可以,如果是很细的针,就不必用纸,可以直接让它浮在水面上。

3. 水为什么不会流出来

现在,我要介绍的是一个很简单的实验。这个实验是我很小的时候做的,而且是我第一次做的物理实验。首先,给茶杯倒满水,然后用一张明信片或纸把杯口盖起来,用手轻轻地压住,再把杯子颠倒过来,然后拿开压明信片的手。这时你会发现,只要盖在杯口的明信片呈水平状态,明信片就不会掉下来,杯子里的水也不会流出来。(见图137)

在杯子颠倒的情况下,你可以放心地拿着杯子到处走动。有些人看到这种情况会觉得很吃惊——有些人口渴得想喝水——这时,你就不需要用茶壶装水,而用大杯子装水,像这样盖一张纸然后把杯子颠倒过来,如此,就能将水安全地带过去给他喝。

为什么杯子里的水不会流出来呢?这是空气压力作用的结果。换句话说,空气的压力比杯子里的水的重量更大,使明信片即使在水的重量的作用下也不会脱离杯口,当然水也就不会流出来了。

头一次教我做这个实验的人告诉我，这个实验要做成功，杯子里的水必须装满才行，这是要特别注意的。他还说："如果水没有装满，杯中的一小部分就会被空气占据，此实验也就不会成功。因为杯中的空气要和外面的空气压力保持平衡，所以，会把纸压下来。这样，水就会流出来，而实验也就会失败。"

为了弄清真相，我也曾经故意不把水装满来试验，看看盖在杯口的纸会不会掉下来。你想结果怎样呢——我看到了很特别的现象，

图 137

水没有流出来。当时，我真的吓了一跳！因此，我反复地做了好几次，结果还是一样，纸仍完好地贴在杯口。

通过这个实验，我终于体会到应该如何去研究自然现象，而且这是一种实物教育。自然科学上，最高的判定者应该是实验才对。有些现象按照我们的想法或理论来判断是非常正确的，但是，这些理论应该让实验来确认、证明。"一方面检讨，一方面做实验。"——17世纪意大利的（佛罗伦斯科学专门委员会的会员们的）最初自然研究原则就是如此。虽然现在是20世纪，但是物理学家们仍然坚持这样做。如果理论和实验结果不一致，就要检讨，把理论上的谬误之处找出来。

像这次应该是失败的实验，结果却成功了，由此可见，一定有什么地方出现了问题。当我把没有装满水的杯子倒过来时，水没有流出来，这时，我就谨慎地把盖在杯口的纸的一端拨开一点，我看到有气泡从水中跑上去，这个现象标志着什么呢？标志着杯子里的空气比外界的空气更稀薄。否则，外界的空气怎么会跑到水面上，问题就在这里。换句话说，虽然杯子里的水没有装满，还留有一点空气，但是，这里的空气比外界的空气密度小，即压力比外界的空气压力小。所以，当你把杯子颠倒时，水就往下流，同时，把杯子里的一点空气挤出杯外，而剩下的空气，还是有

着原来的体积,因此,空气就会变得稀薄,压力降低。

由此可见,虽然是很简单的物理实验,也要认真地去做,那么,你就会感受到实验的美妙。虽然这个实验是我儿时玩耍时随便做的,但是从这个实验中我得到了非常宝贵的经验。

4. 潜水钟

这个实验也很简单,只要用普通的脸盆就可以了。不过,如果你有直径大、深度深的容器,做这个实验就更为方便。另外,还需要比较大的杯子或是高脚杯。在这里,这种大杯子我们就叫作潜水钟,而装水的脸盆就叫作小型海或湖泊。

这是很简单的实验。首先,把杯底朝上,用手拿着杯底,然后把杯子压进脸盆里,而且要压到盆底(水会把杯子往上推)。这时你会看到杯子里几乎没有水,这是空气作用的缘故。在这种情况下,如果潜水钟下面有容易吸水的东西时,你就会看得更清楚了,例如方糖。就是说,在水面上先放一小块软木片,然后

图 138

把方糖放在软木片上,再把杯子从上面盖到盆底。这时,你可以看到方糖的位置比水面(杯外水面)更低,而且因为杯子里没有进水,方糖依然保持原来的干燥状态。(见图 138)

我们也可以用玻璃漏斗来做同样的实验。首先,把漏斗口径大的部分朝下,而口径小的口就用手指紧紧地塞住,然后把漏斗压进水里。这时,你会看到水不会跑进漏斗里。但是,当你把塞住小口的手放开时,漏斗里的空气就会跑出来,水就会进入漏斗里,漏斗内的水面就会和漏斗外的水面一样高了。空气并不是我们想象中的那种"没有实体(指形状)的东西"。从上述实验中,我们就可以看到空气还是占有一席之地的,如果空气没有其他场所可以去,就不会把它所有的场所让给其他的物品

占有。

这个实验也告诉了我们人为什么能在潜水钟或潜水盒中到水底工作的原因。从这个实验中，我们看到水不会进入杯子里，同理，水也不会进入潜水钟或潜水盒里，因此，人可以在里面进入水底工作。

5. 不湿手取水中硬币

由刚才的实验我们已经知道，四面八方包围我们的空气时刻都在压着我们，现在，我要做的实验是来证明大气压的存在，同时，让大家的思路更清楚。

首先，准备一个浅底的盘子，把一个硬币或金属制的纽扣放在盘子上，然后把水倒进盘子里，水要淹没硬币才可以。这样，你的手指就无法在不湿或不把盘子里的水倒出来的情况下，把硬币取出来——如果有人这样说的话，是错误的。因为我有办法在手指不湿的情况下，把硬币取出来。

这个实验需要按照下面的步骤来进行。首先，在一个杯子里燃烧一张纸，当你觉得杯子里的空气温度升高时，就马上把杯子倒过来放在盘子里的硬币旁边。要注意，不要让杯口碰到硬币，现在，你就仔细地看。不过烧纸时，要等短暂的时间，等到杯子里的纸都燃烧完，杯子里的空气冷却

图 139

下来时，盘子里的水也逐渐地被吸到杯子里，露出干燥的盘底。（图139）

等到硬币的表面干燥以后，你就可以不慌不忙地把硬币拿出来，这样，手不是没有湿吗？

要了解产生这种现象的原理很容易。因为杯子里的空气温度升高时，杯子里的空气就会膨胀，占据比原来更大的容积，这时就会有部分空气跑到杯外去，而杯子里的空气开始冷却时，在常温状态下，要和起初的

压力相同,换句话说,要和外界的大气压保持平衡,杯子里的空气量就不够,使杯中的气压较杯外的低,从而形成压力差,把盘子里的水压进杯子里。看起来,水好像就是被杯子吸进去(表面上看起来是被吸进去)一样,其实,盘子里的水是因为受到外界的大气压力被压进杯子里的。

这样,大家明白了吧!在做这个实验时,不一定要用易燃的纸或吸水的棉花,如果你把杯子浸在热水里,过一段时间拿起来也可以。做这个实验的要点就是,杯子里的空气温度要比外界空气的温度高,只要在这种条件下,不论你用什么方法来做这个实验,都会成功。

做这个实验时,如果用玻璃制的杯子,可能会因水和杯子温度的差异,致使杯子破裂,所以要特别注意,不要割伤手。

6. 磁针

你已经可以使针浮在水面上了。现在,我们再来做一个新的、更有意思的实验。

首先,准备一个磁铁——马蹄型磁铁也可以。当你把磁铁拿到靠近容器的地方时,原来浮在容器水面的针一定会移向磁铁方向。在你把针放到水面之前,先用磁铁摩擦针几次(一定要用同一磁极来摩擦,而且不能做来回的摩擦,只能做同一方向的摩擦),这样一来,你就可以看清楚针的动向了。因为事先摩擦了针,所以针已经变成磁铁了,即针已经被磁化了,这样,对没有被磁化的铁制物品就会有吸引力。

用这种被磁化的针可以做很多有趣的实验。你不要用铁或磁铁使容器中的针游到容器边缘,只要把针放在容器的水面就可以了。这时,你能看到针在水面上会指向一定的方向,好像罗盘的指针指着南北方向一样。如果把容器转动,改变方向——浮在水面的针却一点不会受影响,仍然是指着南北方,这时,

图 140

我们如果拿着磁铁的一端(磁极)靠近针的一端,你就会知道针不一定会

被吸到磁极这边,相反,想离开磁铁的磁极,也可以说是两个磁铁的排斥作用。这个排斥作用的法则就是异向磁极(磁铁的一端为北极,一端为南极)互相吸引、同向磁极互相排斥,这种情形,我们从这个实验中可以看得很清楚。

现在,用纸折一只小船,在折线处装上被磁化的针。(如图 140 所示)这时,不要用手去碰这只船,让它自由地在水面游动,然后让你的朋友们开开眼界。就是说,这只船会按照你手的指挥去动,当然,你手中要隐藏一只小磁铁,不要让你的朋友看到!

7. 在水中打气枪

世界最深的海洋就是太平洋中的马里亚纳海沟的比吉安斯海渊,深度约为 11 千米。

如果在这个深度为 11 千米的海底打气枪,子弹会不会射出来呢?假定子弹的初速度为每秒 300 米。

子弹射出去的那一刹那,子弹的前后都会受到压力,前面受到的是海水的压力,后面是空气的压力。如果水的压力比空气的压力强的话,子弹就射不出去;相反,子弹就会射出去。现在,我们来计算,比较两者的压力。

在海中深度每增加 10 米,每平方厘米所增加的压力为 10 牛,那么,在深度 11 千米的海底,海水所产生的压力就为每平方厘米 11000 牛。

气枪的口径假定为 0.7 厘米,则枪口的面积约为 0.3 平方厘米($\frac{1}{4} \times \pi \times 0.7^2$)。在这个面积上作用的水的压力为 4180 牛,即子弹前面受到的压力。

现在,计算枪里的空气压力。先想想在陆地打枪时,枪里子弹行进的平均加速度是多少。子弹的运动,实际上不是等加速度的,但是,为了计算方便,我们假定它的加速一定。

子弹离开枪口时,速度为 v,加速度为 a,枪管长度为 l,那么,就有 $v^2 = 2al$。

设 $v = 300$ 米/秒,$l = 0.22$ 米,即有:

$300^2 = 2a \times 0.22$

$a \approx 204545(米/秒^2)$

如果子弹的质量（m）为 7 克，那么，使子弹产生这样大的加速度的力（F）可用 $F = ma$ 的分式来计算，即：

$F = ma$

$= 0.007 \times 204545$

$\approx 1432(牛)$

如此，把子弹射出去时，子弹以 1432 牛的力被压入水中，可是，枪口附近的水的压力（4180 牛）大于把子弹压出枪口的空气的压力，所以，子弹是射不出去的，即使射了出去，也会被水的压力压回去。

8. 春天的涨潮

冬天的积雪到春天就会融化，河水就会涨，这时，河水的水面的中央似乎比岸边要高。如果我们把几片木片撒在河水的水面上，木片就会被冲到两岸，不会留在河的中央（图 141，虚线表示水平线，白圈表示木片集中的位置），可是，在枯水期，河水的水位会降低，因此，水面的中央部分会凹下去，比两岸低。这样，浮在水面的木片就会集中在河的中央。

图 141　河的截面图

这种现象该怎样解释呢？是不是水的涨潮期间，河的中央部分就会鼓起来，而到枯水期，河的中央部分就会凹下去呢？

这个原因就是，河水的中央部分比两岸的流速快。换句话说，靠近岸边的地方，水的流速相对较低。

春天涨潮期间，水从上游流下来，因此，河中央部分的流速就比两岸的流速要快。

如果河中的水大量往中央部分流，中央部分的水面自然会鼓起来，可是，夏天河水减少时，情况就改变了。因为上游的水量少，而且河中央部分水的流速快,所以,中央部分的水就比两岸流的多,水面自然就凹下去了。

9. 软木塞

有一水瓶的盖子是软木塞做成的,而软木塞的一小片掉到瓶子里了。这片软木塞刚好可以通过瓶颈。你把瓶子倾斜,想把掉进去的软木片取出来时,却只看到水从瓶里流出来,而软木片仍在里面。如此,你继续倾斜瓶子,当瓶子里的水快流完时,软木片才会和最后流出的水一起流出来。软木片为什么这么狡猾呢?

水不能把软木片冲出来的原因其实很简单。因为软木片本来就比水轻,所以往往浮在水面,换句话说,瓶中的水快要流完时,软木片才会流到瓶口。软木片总是和最后流出的水一起流出来,而且也只有在这种状况下才流得出来。

10. 桶里的水

有一只桶,里面装了一些水。从桶的上面来看,好像装了半桶水。但究竟是刚好半桶还是比半桶多或少呢?如果你想知道的话,应该用什么方法呢?假定在桶的附近并没有木棒或其他适当的测量工具。在这种无法利用任何东西来测量桶里的水究竟有多少时,你该怎么办呢?你又有什么方法好利用呢?

图 142

最简单的方法就是,让桶逐渐倾斜,使水面刚好到桶口的边缘。这时,你再观察桶底:

如果看到桶底有一部分不在水面下,那么桶里的水就是不到一半;相反,桶底全在水面下的话,桶里的水就比一半多。

说到这里,我相信读者已经知道,水面刚好是桶的对角线时,桶里的水就恰好是一半。

十三、空 气

1. 降落伞

用包烟草的锡箔纸做成跟手掌展开时一般大小的圆板,并且在圆板的中央开一个洞,大小差不多是手指刚好能插入的程度。然后,在圆板的边缘系上丝线,并且把丝线的末端全部绑在一起(这些丝线的长度要一样),挂上一个轻的东西。这样,降落伞的模型就完成了。(见图143)

这个降落伞模型有什么用呢?当我们把重的东西挂在降落伞上,从高楼的窗户丢出去时,重的东西会把丝线拉直,使纸制的伞展开,继而缓慢地下降,轻轻地落到地面上。如果这一天没有风,情形就会如此。但是,有一点微风的话,降落伞就不会往下降,而会被风向上吹起,飘浮在空中。至于会被吹到什么地方,谁也不知道,也许会飘到离你家很远的地方才降落下来。

图 143　降落伞模型

降落伞愈大,就可以挂愈重的东西。如果没有风,降落伞就会缓慢地落下,可是,有一点风的话,一定会被风吹起且飞到很远的地方。

为什么降落伞能在空中飘那么长的时间? 当然,你知道这是因为空气阻碍降落伞落下的缘故。换句话说,降落伞似乎具有给落下的物体增加表面积的作用。所以,物体的表面积增加,空气的压力也增加。

如果你懂这个道理的话,就知道尘埃为什么会在空中飘浮了。常常有人说——尘埃比空气轻,所以才会在空中飘浮。这种说法是错误的。

那么,尘埃是什么呢? 是石、土、金属、木、煤炭以及其他物质结合的微粒子。实际上,这些微粒子都比空气重,例如:石头比空气重 1500 倍、铁重 6000 倍、木头重 300 倍。所以,这些物体应该不会像木片浮在水面那样浮在空中才对。

按理来说,固体和液体的小粒子在空中一定会落下来。就是说,灰尘在空中一定会落下来,只是落下的状态很像降落伞罢了。实际上,小粒子的表面积往往不会使它的重量减少太多。换句话说,这种小粒子和它的重量比较的话,还是具有相当大的表面积。例如:小的散弹粒和1000 倍重的球形子弹比较,你就知道散弹粒的表面积只有子弹表面积的百分之一。

如此,以重量为基准来看散弹粒的表面积时,散弹粒的表面积比子弹粒的表面积要大 10 倍。现在,我们再来进一步思考,如果这个小散弹粒变得更小,小到只有子弹的百万分之一,那么,小散弹就变成尘埃了,这时,同样是以重量为基准,这个表面积就只有子弹的 10000 倍大,空气阻止这种尘埃运动的力就比阻止子弹运动的力更大,差不多有 10000倍。因此,尘埃才会在空中飞扬,而且,尘埃落下时速度很慢,如果有很微弱的风吹动,不但不会落下,反而会向上浮。

2. 蛇和蝴蝶

用明信片或厚纸板剪一个圆板,大小差不多和瓶口一样。然后,在圆形纸板上画上漩涡形的线,沿着漩涡形的线剪开去,纸板就变成一条蛇盘起来的形状,这时,在蛇尾巴的尾端做一个小凹形,再用一根针固定在瓶塞里面,针尖留在尾巴凹下去的地方。然后,用手把蛇拉长,让它变成漩涡形的阶梯状。(图 144)

图 144 纸蛇

现在,把这条蛇放在点着的瓦斯灯或暖炉的旁边。这时,你就可以看到这条蛇开始转动,暖炉的温度愈高它就转得愈快。通常,用油灯、烧开水的加热器就可以了,在停止加热之前,这条蛇会不停地旋转着。如果用一条铁丝穿过蛇尾的尾端,悬吊在油灯上,这条蛇就会转动得更快。(图145)

究竟是什么东西使这条蛇转动得那么快呢?这和风车翼的旋转道理一样,即空气流动的原因。物体被加热时,附近就会产生上升的热气流,从而带动物体(要能自由运动)运动,具体情况是这样:

温度低、密度大的空气被周围的热空气推开上升,而原来被加热的空气所占的地方就空下来了,冷空气就会补进去,然后,同样被加热而上升,如此,连续不断地循环,所以,被加热的物体在自己的上面一定会产生上升气流,只要这个物体的温度被加热得比

图 145　会转动的纸蛇

周围的温度高,这种气流就会不断地产生。换句话说,被加热的物体上,有热的风往上吹,而且这种风让你几乎感觉不出来。然而,也就是这种热风吹的缘故,纸蛇才会旋转——很像风使风车旋转一样。

现在,我们不用蛇,改用别的纸制品——纸蝴蝶——同样也能旋转。用包烟草的薄纸剪一只蝴蝶,在中央用头发或细线把这只蝴蝶吊起来,然后拿到油灯上面,这只蝴蝶就会像活的一般,翩翩起舞(指旋转)。这时,蝴蝶的影子会映在天花板上,随着蝴蝶的转动,天花板上的影子也会转动,并且会反复地出现。不懂这个道理的人就会以为有一只大黑蝴蝶在房间里飞来

图 146　纸蝴蝶

飞去。

也可以这样做,把一根针固定在瓶塞上,然后把纸蝴蝶放在这根针的针尖上,再将加热的东西拿到蝴蝶旁边,蝴蝶就会开始旋转起来。这就是蝴蝶风车,我们可以使这只蝴蝶灵活地转动,只要把手掌靠过去就可以办到。(见图 146)

3. 蜡烛火焰的倾斜

我们拿着点着的蜡烛在房间走动,在开始向前走的时候,可以看到火焰是向后(即和运动方向相反)倾斜的,但是,如果把蜡烛放在灯笼里带着走的话,火焰会向哪一方倾斜呢?如果我们伸直手臂,让灯笼绕身体等速度旋转时,火焰会向哪一方倾斜呢?

可能有人认为,灯笼里的火焰会随着灯笼移动但不会倾斜,这种看法是错误的。最好用燃烧的蜡烛试试,你就知道即使用手把蜡烛围起来移动,火焰也是会倾斜,而且不是向后倾斜,是出乎你意料之外地向前倾斜。向前倾斜的原因就是,火焰的密度比周围空气的密度要小。

用同样的力来作用时,质量小的物体比质量大的物体有更大的速度,所以,火焰的速度比灯笼里空气的速度更快,火焰才会向前倾斜。

同理(火焰的密度比周围空气的密度小),我们也可以说明灯笼作圆周运动时火焰倾斜的方向。火焰并不像一般人想象的向外倾斜,而是向内倾斜。这种现象,只要你想一想,然后使用离心分离器来分离水和水银,这时,你就会知道水银比水较远离回转轴的位置。假定远离回转轴的方向比较低的话,水就好像浮在水银上。

同样,蜡烛火焰比周围的空气轻,因此,在灯笼的圆周运动状态下,火焰就好像浮在空气上(即向着回转的方向)。

4. 如何吹熄蜡烛火焰

可能有人认为吹熄蜡烛火焰最简单,其实,并不见得。例如:你不用嘴而用漏斗来吹。这是一种实验,而且你会感觉到这个实验需要特殊的技巧。

如图 147 所示,把漏斗大的一端向着蜡烛火焰,小的一端放在嘴里吹。这时,你就会知道火焰根本不会动——乍看之下,从漏斗吹出来的气,好像是向着蜡烛火焰的。

这时,你以为是离火焰太远的结果,所以,就把漏斗靠近火焰再吹。结果,出乎意料,因为火焰

图 147 吹烛火实验(1)

并不是向吹的方向倾斜,而是向着漏斗倾斜过来,就是说,向你这边倾斜。(图 148)

图 148 吹烛火实验(2)　　　图 149 吹烛火实验(3)

那么,你要如何使用漏斗才能吹熄蜡烛火焰呢?你不要让蜡烛火焰在漏斗的中心线上,应该让蜡烛火焰在漏斗喇叭形的延长壁上,(图149)只有这样才能轻松地把火焰吹熄。

这个理由就是,气流从漏斗的细小部分出来时,并不是沿着漏斗的中心线行进,而是形成一个特殊的涡流,沿着喇叭形的壁面行进,所以,空气在漏斗的中心线上很稀薄,并且还会在中央附近产生逆流。

5. 把东西吹回来

要把桌上的空火柴盒用一口气吹向前,即远离吹的人,这种游戏谁都会。不过,现在要做的实验恰好和前面所说的相反,即一吹之下,让火柴盒向吹的人靠过来。注意,不可以把头伸到火柴盒的前面去吹。

我相信大多数人会说,这怎么可能呢？也许有些人动动脑筋后,会不吹,而想用深呼吸把火柴盒吸过来,当然,这种做法是不会成功的。其实,把火柴盒吹过来的方法很简单。

这个诀窍到底在哪里呢？

图 150　能把火柴盒吹回来的方法

首先,把手掌放在火柴盒的后面,然后用力地向着自己的手掌吹气。当气流碰到手掌之后,就会反弹回来推动火柴盒,使火柴盒向你靠过来。

这样做,准保成功,一点都不会出错。不过,做此实验时,要在平滑的桌面进行才可以。

6. 倒跳出来的瓶塞

这个实验就是要让大家知道,被压缩空气的力量是相当大的。

这个实验的必备工具就是瓶子和比瓶口稍微小一点的瓶塞。

首先,将瓶子水平拿着,然后,将塞子从瓶口塞进去,最好是让塞子到达瓶颈的位置,这时,就请一个人向着瓶内吹气。

或许有人觉得这种事再简单不过了。但是,口说无凭,我们试试就知道——将嘴靠近瓶口,向里面的瓶塞用力吹气,这时,产生的结果也许会让你吓一跳,因为瓶塞不往瓶子里面去,反而朝着你的脸飞出来！如果你吹的气愈强,瓶塞飞出来时就愈快。

如果你想使塞子进入瓶子里的话,该怎么做呢? 应该做和刚才相反的动作,就是不向瓶内吹气,而是从瓶内把空气吸出来。

对于这种奇怪的现象,可以作如下的解释:在你吹气的时候,塞子和瓶子之间的空隙就会有空气跑进去,这样一来,就会使瓶内的空气压力增加,因此,就是凭借着这股压力才把塞子压出来的。

但是,当你不用吹而用吸的时候,瓶中的空气就会变得稀薄,这时,就是靠着外面的空气压力把塞子压到瓶内去的。这个实验要注意的地方就是,瓶颈部分要干燥,如果瓶颈或塞子潮湿,就会产生较大的摩擦,使得塞子在瓶颈地方被挡住。

7. 气球何处去

小孩拿着气球一不小心松手时,气球就飞走了。究竟气球会飞到哪里? 又会飞多高呢?

离开手的气球,并不是一直飞到没有大气的地方,而是有限度的。换句话说,气球飞得愈高,大气就愈稀薄,所以,只要气球排开的空气的重量和气球的全部重量相等时,气球就不会再往上飞了。

不过,气球是飞不到上升限度的。因为,随着气球的升高,气球周围的大气压会下降,那么,气球内部的气压就会大于外部的气压,气球就会膨胀。在还没飞到上升限度之前,气球就会先爆破。

十四、回 转

1. 离心力

如图 151 所示，雨伞撑开，用它的顶端在地板上旋转，同时，把小纸团或其他又轻又不会破的东西丢进去。这时，你就可以看到这种情形：雨伞似乎不需要这些东西，而把它们都送到边缘部分，继而你会看到，这些纸团从雨伞的边缘飞出去。

在这个实验中，把那些小纸团从雨伞中丢出来的力，我们叫它"离心力"，也许叫"惯性"①比较正确。当物体沿着圆形的轨道运动（这种运动叫圆周运动）时，这种离心力总是会出现。这就是运动中的物体想要保持运动方向和速度的性质，换句话说，就是惯性定律的表现之一。

图 151　回转的雨伞

我们时常可以看到离心力的表现。例如图 152 在绳子的一端绑上一块小石头，然后拿着绳子的另一端，作圆周运动。这时，你就会感觉到，由于离心力的作用，这条绳子被拉得很紧，使你时刻担心着这条绳子

---

① 物体作圆周运动时，如果不想让此物体从轨道飞出去的话，就一定要有向着中心的力作用于物体上才可以。这种力叫作向心力，和这个力相等而方向相反的力叫离心力。作圆周运动的物体，向着圆的切线方向行进（速度方向沿着切线方向），如果想要使物体离开圆的中心，就要利用惯性原理。

会不会断掉。发射石头的古代武器——投石器,就是用这种力。例如:用来磨碎谷类的石臼,如果质地不坚硬且转动太快的话,就会因离心力的作用而坏掉。

在"磨的圆形路"(图 153)骑脚踏车时,离心力就帮了很大的忙。又如用离心分离器从牛奶中分离出乳脂时,离心力也发挥了很大的作用。此外,如从蜂巢抽蜂蜜或用洗衣机脱水时,都是利用离心力的原理。

当火车转弯时,我们就会直接体验到离心力,它会使车上的乘客产生好像要飞出去的感觉。如果在铁轨转弯的地方,外侧铁轨没有比内侧铁轨高一点的话,当火车的速度非常快时,就会因离心力作用而翻车。因为外侧的铁轨总是比内侧的高,所以,火车在转弯时,就会稍微向内侧倾斜一点。这种稍微

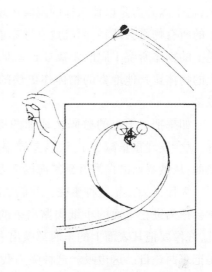

图 152

图 153

倾斜的车,要比垂直(指内外铁轨一样高时火车的状态)的车更安全。

自行车比赛的场地铺设着特殊的圆形跑道,这种跑道在急转弯的地方,就会向中心倾斜(外侧较内侧高),这和前面所说的道理是相同的。自行车到这种急转弯的地方时,就用极倾斜的方式来转弯,才不会翻车,可以说,这种方式具有稳定性。在表演特技时,骑自行车的人就通过铺着圆形木板的斜面来使观众惊讶。如果你懂得离心力的作用,就不会大惊小怪了。换句话说,沿着平滑的路转弯,才是困难的骑法。同理,骑士在急转弯的地方,也会向内侧倾斜。

通过这些小现象,再进一步来看大现象。大家都知道,我们所居住的地球是回转(自转)的物体,地球的表面也应该有离心力的作用。那

么,这个离心力是以什么样的现象出现呢?由于地球的回转,所以,地球上的所有物重会减轻,而且愈靠近赤道愈轻。在同样的 24 小时之内,赤道上的物体所绕 1 周的距离要比其他地方绕 1 周的大,换句话说,赤道上的物体比其他地方的物体作更快的圆周运动,因此,重量也减轻得比较多。

如果把 1 千克的砝码从地球的极地移到赤道上,然后用弹簧秤来称,就会发现重量减少了 5 克,差异很小。不过,物体愈重,差异就愈大。例如:从俄罗斯的白海开到黑海的 2 万吨的客船,会减少 80 吨的重量。

为什么会发生这种事呢?我们从前面的实验中也看到,即旋转的雨伞会把丢进它里面的小纸团抛出去的实验。同样,地球不断在自转,因此,好像要把其表面上的东西都抛出去。不过,地球还有另一种性质,就是把东西往自己这边吸。这种吸力我们叫作"引力"。世间万物就是靠着这种引力才不被抛出地球外的,所以,虽然地球在自转,但是,上面的东西却不会被抛出去,不过,物体的重量会减轻,就是说,由于地球自转的结果,物体会减轻一点重量。

地球自转得愈快,重量也减少得愈多。根据科学家计算,如果地球的自转速度比现在的快 17 倍的话,赤道上的物体的重量就会全部消失。如果地球自转得更快——例如:在 1 小时之内就自转一周,不但赤道上的物体,就连靠近赤道的国家或海洋也都会失去自己的重量。

啊!想想看——这意味着什么。所有物体都没有了重量,你可以拿起任何一种东西,例如:火车头、大岩石,甚至军舰,像拿羽毛那样拿起它们。如果没有拿稳不小心掉下来的话,也不必担心会有被压死的危险,因为这些东西已经没有重量了,所以,不会压坏任何东西。更有意思的是,当你将这些东西放开时,它们会飘浮在空中。

如果你坐在气球的篮子里,把自己的行李往外丢,这些行李也不会掉下去,反而会浮在空中。奇异的世界出现了!本来,只有在梦中才可以一跳就跳上的高山,现在,你也可以真真正正地跳上去了——不论多高。不过,要记住!跳上去很容易,但是,要下来就不可能了,因为你已经没有重量了,所以,即使从几百层的高楼上往下跳,也不会掉在地上。

如果这种世界出现的话,就会有许多地方很不方便。你想想看,所有的东西——不论大小——如果没有用绳子绑在一个固定的地方,只要风稍微一吹，就会被吹得高高的，在空中到处飘荡，这样一来，人、动物、汽车、马车、船——都会毫无秩序地在空中飞舞，而且，还可能会互相撞击，伤到对方……

如果地球自转变快的话，这种情形一定会很快发生。

2. 奇异的陀螺

图 154 所示的陀螺很奇妙，这个陀螺的圆板周围有几根铁丝，以相等的间隔排列着，铁丝的顶端又挂着圆形的纽扣。

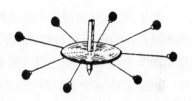

图 154

陀螺旋转时，这些纽扣就向着圆板的半径方向，被似乎要被抛出去的铁丝牵着，只要一看，就晓得这是离心力的作用。

我们来看看和上面很相像的另一种陀螺。（图 155）在软木塞的周围有各种颜色的玻璃珠，这些玻璃珠是用针插在软木塞周围的，能在针上自由地滑动。

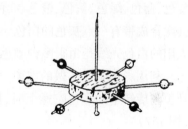

图 155

当陀螺旋转时，玻璃珠就依离心力的作用而向着针的末端移动。如果陀螺转得很快，而且在耀眼的光线下时，这些针就好像融合在一起一样，变成一张银色的圆板，加上边缘还有各种彩色的玻璃珠，看起来会很漂亮。如果要欣赏，可以把这种陀螺放在光滑的碟子上让它旋转，会很美观。

图 156 所示的就是有颜色的陀螺。制作这种陀螺比较费时间，不过，

图 156

可以了解色彩的有趣特性,所以很值得做。

首先,从厚纸上剪下一个圆板,在中央开一个小洞,然后把火柴棒的前端插进小洞里。若要使火柴棒和圆板固定牢固点儿,可以在圆板的上下加上用薄铁纸制作的两个小圆板。然后,从圆板的中心部分画出放射性的线条,如此就产生了几个扇形,在这些扇形上间隔地涂上黄色和蓝色。一切就绪后,就让陀螺旋转。这时,你会看到什么颜色呢?你一定看不到黄色和蓝色,而会看到绿色。就是说,当陀螺旋转时,蓝色和黄色在我们的眼中已经融合变成绿色了。

为了调色,可以做更多的这种实验,例如:在扇形上间隔地涂上浅蓝色和橙色。当圆板旋转时,就会看到白色(准确地说,是很浅的灰色)。在物理学上,将两种颜色混合起来,如果变成白色的话,这两种颜色就叫作"补色"。由这个实验得知,浅蓝色和橙色是补色。

如果你手中有各种水彩,就可以做著名的英国科学家牛顿(1643—1727)所做的那种实验——在圆板的各扇形上涂上七种颜色——紫色、靛色、蓝色、绿色、黄色、橙色、红色。如此,让陀螺旋转时,这七种颜色就会融合成带有一点灰色的白色。做了这个实验后,你就能更容易地理解太阳的白色光线是由很多种颜色的光线合成的。

利用彩色陀螺所做的实验,也有许多富于变化的种类。例如:把纸环丢向旋转中的彩色陀螺上时,你就可以看到陀螺的颜色立刻改变了。(图157)

图 157　　　　　　　　　图 158

其次,就是描画的陀螺。这种陀螺的轴是由顶端尖尖的铅笔芯充当的(图158)。把这个陀螺放在稍微倾斜一点的厚纸板上旋转时,你可以看到它一面旋转一面用铅笔芯在厚纸板上描画着蔓状曲线,同时沿着斜面向下运动。这种卷起来的蔓状曲线究竟卷了多少次,可以很简单地计算出来。因为卷起来的蔓状曲线的一圈就等于陀螺的一次回转(陀螺旋转一周），所以，如果你手中戴着表看陀螺旋转，就可以知道一秒钟陀螺旋转几次，这是很简单的求法。如果你不用表，单凭眼睛来算的话，是不行的。

并不是只有这种陀螺会画曲线，还有一种也会画，这要使用可以做陀螺的铅圆板。（因为铅容易开洞，所以做起来很方便）首先，在这个圆板的中央开一个小洞，然后，在中央的两侧再各开一个更小的洞。

图 159

将顶端尖尖的细棒作为陀螺的旋转轴，插进中央的小洞里。因为旁边的小洞有两个，所以，只要把合成纤维的细丝或是插入刷子的小毛插入其中的一个就可以了，不过，插进去的长度要比旋转轴的顶端稍微长一点。小洞里的细丝或小毛应该用火柴棒来固定，这样才不会掉下去。还剩下一个小洞，暂且不去管它了，至于为什么要开这个洞，那是因为要保持陀螺的平衡，否则陀螺不会平稳地旋转。

如此，这种描画陀螺就做好了。现在，还要准备一样东西才能开始做实验，这样东西就是沾满黑烟的碟子。因此，必须用燃烧的木片或蜡烛火焰，让黑烟均匀地附着于碟子的内侧，然后开始实验。首先，把陀螺放在碟子上旋转，陀螺一面旋转，一面在碟子上到处走动，当中的细丝或小毛就会在附着黑烟的碟子上面画出很有趣的白线，像文字又不像，但是，的确画出了很有趣的图案。（图 159）

十五、 相 对 运 动

1. 船上的球速

有两个人在航行着的船的甲板上传球玩。他们一个人站在船首,一个人站在船尾。如果这两人传出去的球速①相同,哪一个人传出去的球会更快地到达对方——是站在船首的人,还是站在船尾的人呢?

假定船是匀速度前进的,那么,任何一方传出去的球都会在相同的时间内到达对方的手中——与船没有开动时的情形一样。这时,你不要考虑站在船首的人把球传出去之后会向后退,而船尾的人就向前进,这种想法是错误的。由于球依惯性挟带着船的运动速度,所以,对玩耍中的两人而言,球是以相同的速度传过去的。

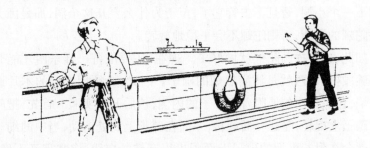

图 160

船的运动(匀速直线运动)对互相投球的两人而言,都是相同的影响,并不会让哪一方更有利。

---

① 假定这时空气的流动对球的速度没有影响。

2. 在火车上跳跃

现在,火车以时速 36 千米的速度前进。如果你在火车上快乐地跳起来,并且假定你停在空中 1 秒钟(不过,这样你必须要跳 1 米以上才可以,所以,这个假定很大胆),然后落到车内的地板上,这时,落下的位置在哪里——是落在刚才起跳的位置,还是落在另一个地方呢?如果是落在另一个地方的话,这个地方是在你起跳位置的前面,还是后面?

或许你落下的位置和刚才起跳的位置相同。你在空中的时候,火车照样前进,你跳起的位置当然也会向前进,如果你这样想的话,你就错了。虽然火车继续前进,但是当你跳起来时,受到惯性的作用,你会和火车以同样的速度向前运动,因此,你落下和跳起的位置是一样的。

3. 水面的涟漪

当你把石头投进静止的水面时,你会看见水面产生很多的涟漪,即几个逐渐扩大的轮状水波。那么,当你把石头投进正在流动的水面时,会产生什么样的波纹呢?

或许,你无法立即回答出来,因为水在流动,所以,产生的波纹并不是圆形,也不是流动方向上的椭圆形,可能会变成拉长的形状也说不定,这是可以想象得到的。但是,把石头丢进河中时所产生的波纹,只要你能仔细观察,不论流动的速度多快,你都不会看到任何圆形的翘曲。

我们现在撇开特殊的情形。通常来说,把石头投进水里时所产生的波纹,不论是流动或不流动的水,都应该呈圆形才对。所以,变成波纹的水粒子,从产生波纹的中心向着半径和水流的方向运动,而波纹就是这两种运动的合成。既然如此,那么受到两个以上的运动影响的物体应该向着这些运动所合成的运动方向移动。

首先,我们考虑静止的水面,这时,把石头丢进水面,会怎么样呢?当然,产生的波纹是圆形的。

再考虑水在流动时会怎样。只要水的流动是直线的,就不管什么匀速不匀速,因为无论什么速度都一样。这时,圆形的波纹会有什么情形发生呢？每一个波纹在形状上一定不会有任何改变,换句话说,在维持原形的状态下,随着水的流动而作相等的移动。

4. 投瓶的方向

从正在前进的车子中把瓶子往外面丢,为了让瓶子碰到地面时尽量减少破裂的危险,这时,应该朝哪一个方向丢才好呢?

人从前进的车子中跳下来时,向着前进的方向跳比较安全,所以,往往有人想,瓶子如果也沿着前进方向丢出去,那么和地面相碰的冲力就会较小,这种想法是大错特错的。实际上,瓶子丢出去的方向应该和车子前进的方向相反才对。因为你把瓶子丢出去时,瓶子所得到的速度,由于惯性的关系,应该从瓶子的速度中减掉车速,那么,瓶子就会以极小的速度落到地面,结果反而比较安全。

如果你沿着车子前进的方向丢,情况恰好相反。换句话说,瓶子的速度就会增加,落到地面的冲力就会增强,瓶子就更容易破裂。

但是,人还是要沿着车子前进的方向跳下来才安全,这个理由和丢瓶子的完全不同,因为人向前方落下时,要比向后方落下更能减少伤害。

5. 小船的方向

河上停了一艘有桨的小船,和小船平行的有一块小木片,这两样东西一起随着河水飘动。如果小船想要超过小木片 10 米,或是比小木片落后 10 米,对划者而言,哪一项做起来比较轻松呢?

作水上运动的人也经常会碰到类似问题,而且他们的回答往往是错误的。一般人的想法是,逆流划船比顺流辛苦,所以,认为超过小木片会比较轻松。如果要小船靠近河岸,逆流而上的划者当然比顺流而下的划者辛苦,这种想法是正确的。不过,如果你想像浮在水面的小木片那样和你一起流动到目的地的话,在本质上是不可能的。

这里,你要明白的是,即使小船也是随着河水飘动的,但搬运小船的水仍是处于静止的状态,所以,坐小船时,划者就好像在不动的湖上划桨。而在湖水上,无论你朝哪一个方向划,所做的功都一样。现在,我们所面临的条件是,流动的水和湖水情形一样。因此,在这种状态下,划者想要超过小木片,或比小木片慢,二者所做的功都一样,因为距离相同。

科学家小像

玻尔(1885—1962)

十六、电

1. 带电的梳子

即使你没有一点电的知识,你也可以做各种有趣、有益的有关电的实验。对做这些电实验很有利的时间和场所,就是寒冷冬天的温暖房间。这种实验,只要是空气干燥的地方就可以做得好,即使冬天的气温和夏天的一样,冬天也要比夏天干燥。

那么,我们来做下列实验吧! 首先,你用普通干燥(完全干燥)的梳子梳头发。如果你在温暖、安静的房间里做这种实验,一定能听到梳子发出的很微小的劈啪声。换句话说,是因为梳子和头发摩擦而带电的结果。

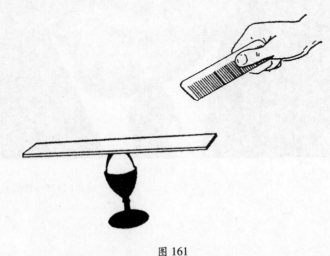

图 161

普通的梳子不一定要和头发摩擦才会带电。如果你用梳子去梳干燥的毛织品，同样能使梳子带电。带电的梳子有什么特性呢？我们来看看。首先，把摩擦过的梳子拿到小纸片、稻壳或其他比较轻的东西附近时，这些小东西都会被梳子吸过去。现在，用比较轻的纸张做几只小船，然后，把这些小船放在水面上，这时，你就可以把带电的梳子当作魔杖，让这些小船随你的心意而移动。

我们可以做更有意思的实验。首先，准备干燥有脚的玻璃杯一只（完全干燥），然后把鸡蛋放进去，在鸡蛋的上面再放一根长尺，让长尺保持水平。如果你把带电的另一根尺靠近放在鸡蛋上的尺的一端时，鸡蛋上的尺就会很敏捷地改变方向，而且，很顺从地跟着带电尺的指挥而移动。当然，你也可以使这根尺旋转。（请见图 161）

这种电的特性并不限于普通的梳子，其他的东西也可以做。例如：用封蜡的棒子在毛织品的衣服袖子等地方摩擦，也可以显出同样的特性。另外，用法兰绒也可以。如果把玻璃棒或玻璃管在绢布上摩擦，也会带电。不过，用玻璃棒做实验时，空气一定要非常干燥，而且绢布和玻璃都要先加热，以便使这些东西完全干燥，否则，这个实验是做不成的。

另一个也是和电引力有关的有趣实验。首先，给鸡蛋开一个小洞，然后将里面的东西取出来，其实，开两个洞比较好，从一个洞吹气，让里面的东西从另一个洞出来。如此，就只剩下蛋壳（将一个洞用白蜡封起来），然后将这个蛋壳放在光滑的桌子、木板或大碟子上，用带电的棒子，可使这个蛋跟着棒子的移动而移动。（见图 162）

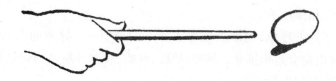

图 162

这个实验是英国著名的科学家麦克·法拉第（1791—1867）想出来的，因为读者原本大都不知道蛋是空的，因此，看起来觉得很奇妙。其他如纸环或轻的珠、玉,也都可以随着带电的棒子移动。

2. 相互作用

按照力学的原理,一方的引力——通常,就是指单方面的作用——是不存在的,因为,无论什么样的作用都是相互的。换句话说,带电的梳子如果没有吸引别的物体时,梳子的本身也会被这个物体吸引住。要想证实这个引力存在的话,就要使梳子处在能动的状态下才可以——譬如,把梳子用绳子吊起来(用绢丝更好)。这样,你就可以看到没有带电的任何东西(例如你的手),都会把梳子吸引过来,或是让梳子改变方向,如此,很简单地证明了引力的存在。

我再说得详细一点,这是一般的自然法则——一切作用都是互相朝着反方向发生作用的双方物体的相互作用,就是说,使对象物体不产生作用的这种单方面的作用在自然界中是绝对不存在的。

3. 电的相互作用

我们在前面已经做过用绳子吊着带电梳子的实验。带电的梳子会吸引没有带电的东西,那么,我们把带电的东西靠近带电的梳子时,会发生什么事情呢? 这个实验做起来很有趣。从这个实验中,你可以明白带电的两个物体的相互作用并不是任何时候都相同。

例如:把带电的玻璃棒靠近带电的梳子时,你就会看到它们在互相吸引对方,当你把带电的封蜡棒或其他的梳子靠近这个带电的梳子时,就变成互相排斥了。

对于这种现象,物理法则作了如下的说明——异种的电荷互相吸引,同种电荷会互相排斥。例如:塑胶、封蜡、胶木等所带的就是负电,而玻璃棒所带的电是正电。

利用同种电荷互相排斥的原理发明了能检验电荷的简单测定器具——验电器(electroscope)。"scope"这个词是从希腊语翻译过来的,原来的意思是表示、显示。同样的构词方式还有 telescope(望远镜),microscope(显微镜)等。

你自己也能制作这种简单的器具。首先，准备一个空瓶子和可以塞住瓶口的软木塞，用厚纸板做的塞子也可以，然后，在塞子的中央开一个小洞，再用铁丝穿过去，而瓶塞上要留一部分铁丝，但是，瓶内的铁丝要长一点。在瓶内铁丝的末端贴上金属箔纸或包烟草的薄纸两片。一切就绪后，把塞子牢牢地塞在瓶口，并且将塞子和瓶口的边缘用蜡密封起来——如此，验电器就完成了。当你把带电的某种物体拿到瓶塞上露出来的铁丝附近或接触到铁丝时，电荷就会传到铁丝末端的两片小纸上，由于同种电荷相斥，所以，这两张纸片就会分开。（见图163）由此可知，碰到这个验电器铁丝的物体就带有电荷。

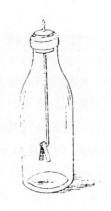

图 163　验电器

如果你不会制作这种好的验电器的话，就可以做另一种更简单的。但是，这种验电器不太好用，灵敏度也不佳，不过还是能检测出电荷。首先，把木棒竖直，然后，把两个果核挂在铁丝上，并且要使这两个果核悬吊时互相接触。到这里，验电器就完成了。这时，如果你要试验的物体碰到一个种子，而此物体带有电的话，你就会看到另一个种子跑到旁边去，两个种子就分开了。（图164之左图）除了这几种检电器之外，还有如图164之右图所示的更简单的验电器。制作过程如下：首先，在玻璃瓶的塞子上插入一根大头针，然后把对折的金属箔纸挂在大头针上。如果带电物碰到这个大头针时，金属箔纸就会互相排斥而张开。

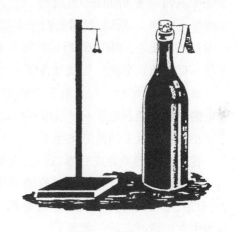

图 164　验电器

4. 电荷的特性之一

使用简单制作的器具来做另一种重要的电荷特性实验——这个特性就是电荷总是集中在物体的表面，即集中在表面的凸出部分——我们可以证明这个特性的存在。

在火柴盒的两端竖立两根火柴棒，然后将一个用蜡固定住。再准备纸带，宽约火柴棒长度的2/3，长约火柴棒长度的3倍。这个纸带的两端要折起来，然后装

图 165

在两根火柴棒上，所以，纸带的两个末端要卷起来。接着，用包烟草的薄纸做几个小纸条，如图165所示的贴在纸带的两面（只贴小纸条的上端，下端不可以贴），如此一切就准备好了。

现在，开始实验。首先取下没固定的火柴棒，把纸带拉紧，然后，将带电的封蜡棒触到纸带——纸带和小纸条会同时带电。这时，我们可以看到小纸条从纸带的两侧飞起来。

我们再把纸带弄成弓形，这时，火柴棒的位置也要改变。（图165）然后，让纸带带电。这时，弯曲的纸带外侧的小纸条就会离开纸带飞起来，但是，贴在内侧的小纸条还是垂着。这是什么原因呢？就是因为电荷集中在纸带鼓起的一侧罢了。

如果把纸带调整为S型，你就可以看到，只有纸带鼓起的部分才有电荷集中。

十七、游戏实例

1. 消失的线

用一张纸准确地把图166的圆形画下来,然后用剪刀再剪出一个和此圆相同的圆板,把这个圆板放在画好的圆形图板上,然后按顺时针方向移动,那么,本来有13条线,现在变成只有12条了。还有一条哪儿去了呢?

这时,把圆板放回原位,消失的线又出现了。它是从哪里出来的呢?

这个问题暂且不谈,我们先来看图167。上图有13条线,这13条线被长方形的对角线横切。现在,把这个图也准确地画下来,然后,沿着对角线剪开。这时,把剪开的两片纸,按照下图所示,将左右错开一点放置,那么,本来有13条线,现在就变成12条了,消失了一条线。不过,这条消失的线在哪里,可以很轻易地找到。

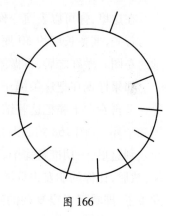

图 166

如果你仔细观察的话,就会看出新的12条线的每一条都比以前的长度稍长了一点——似乎都是长出一条线的1/12。把长方形的上、下向左、右移动一点(以此图来看的话,就是沿着对角线把下部稍微往上部移动一点),就知道一条线被切为12段,而被切断的部分使每条线都加长了。

现在,再回过头来看刚才的圆板问题。排列在圆板上的线和长方形上的线的情形完全一样。就是说，把圆板作了非常微小的角度转动时，13 条线中的一条就会消失，而消失的线就会被平均分配到其他的 12 条上。

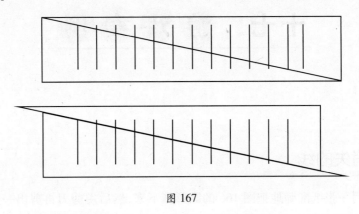

图 167

2. 不可思议的结

在这里，你可以表演令你朋友惊异万分的魔术。

首先，准备长度约 30 厘米的绳子，然后，用这条绳子做如图 168 所示的左图。做好之后，再做第二个绳结（图 168 中间的图）。

如果你现在把这条绳子用力拉，一定会认为有两个结。不过，稍微等一下再看。干脆把这些结做得复杂一点。就是说，把绳子的一端穿过第二个环。（图 168 的右图）

到这里，一切准备完毕，可以开始表演魔术了。首先，拿着绳子的一端，然后，让你的朋友去拉绳子的另一端。这时，连你都料想不到的事情发生了，即看起来很复杂的绳结在你朋友的一拉之下，都消失了！这些结都跑到哪里去了呢？

对于这个奇妙的魔术，只要你按照上述的图形去做，并且准确地把第三个图做出来，就会很顺利了。也就是说，按照图形所示的，让朋友拉动绳子，这样，结一定会在刹那间全部解开。如果你想把这个魔术表演得很成功的话，就请看清图 168，并且牢牢地记住。

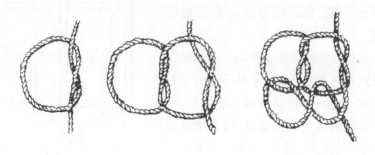

图 168

3. 解绳子

如图 169 所示,你用两条绳子把两位朋友的手绑在一起。这两条绳子都绑在两个人的手腕上,并把这两条绳子交叉。这种情形在乍看之下似乎不能分开,不过,还是有办法在不切断绳子的情况下,让这两人分开。那么,是什么办法呢?

这个办法如下。把绳子 A 从"×"记号的地方拿起来,按照箭头的指向穿过绑在手腕 B 的绳环。绳子穿过去之后,会产生新的 A 绳环,把手腕 B 再穿进新的绳环,

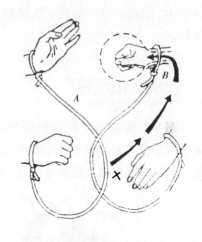

图 169

然后,把绳从原来的路线拉回来——如此,这两人就可以分开了。

4. 长筒靴

从韧度很强的纸上剪下如图 170 所示的框(按比例)、长筒靴、椭圆

形纸环。椭圆形的孔的大小要能正好套进框的边缘,它的作用是防止长筒靴脱落。

如果要你按如图 170 所示的把纸环和长筒靴装在框上,也许你会立刻觉得很迷惑,无法理解,认为做不到。但是,只要你懂得装上去的顺序,做起来就很简单。

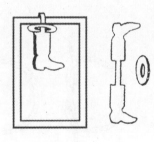

图 170

做法如下:

首先,把框对折,然后,把椭圆形的纸环装上去。此外,把长筒靴也对折,放在对折的框之间,让长筒靴悬垂在框上。放好之后,再把挂在框上的椭圆形纸环套在长筒靴上,如图 171。最后,把对折的框再展开。

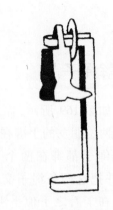

5. 软木塞和纸杯

图 171

用厚纸板做一个圆形的纸环,然后把系着两个软木塞的绳子挂在纸环上,虽然这条绳子变成左、右两部分,但是这两部分都要套上铁丝环。(图 172)

图 172

图 173

要在这种情况下把软木塞拿掉,该怎么拿呢?

乍看之下,似乎束手无策,但是,只要你能理解刚才长筒靴的问题,这个问题也就可以迎刃而解。

做法如下:首先,把纸环对折,然后,把铁丝环拿下来,这样,软木塞就可以轻松地拿掉了。(图173)

6. 两颗纽扣

如图 174A 所示,有一张细长的厚纸,在厚纸上有两条平行的缺口,在两个缺口的下面有一个直径比两个缺口间距大的圆形洞。将绳子穿过两个缺口,且从左右两侧都得能拖出绳子,再把绳子从左右两个缺口中拉到前面来,穿过圆形洞,让绳端下垂,然后,在绳的两端各绑上一颗纽扣,纽扣的大小要比纸上的圆形洞大。(图174)

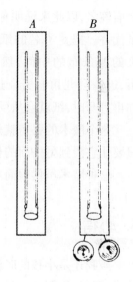

图 174

你能否不将绑着纽扣的绳子解开,把这两个纽扣从厚纸中拉出来?

做法如下:

把厚纸的反面折成弓形,然后把中间的纸板拉出来穿过圆洞(两条绳子的中间),再将绳子往上移,顺着中间纸板弯曲的方向拉出来,这么一来,纽扣就可以从这个纸环中拉出来了。(图175)

7. 魔术纸夹

用厚纸板剪两张长方形(例如:长 7 厘米、宽 5 厘米)纸,再准备三条布(如果没有布,用纸带也可以)。这三条布中的两条,一条应比长方形的宽长 1 厘米,一条应比长方

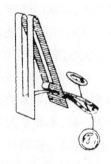

图 175

形的宽的 2 倍长 1 厘米。把这三条布按照图示贴在厚纸上,注意,两条短布的一端要按照图 176 所示贴在右边厚纸的上下角,另一端放在左边厚纸的背面。另外,较长的布的一端要贴在两块厚纸的中央,在右边的布要放到厚纸的背面,且要拉出 1 厘米贴在上面。

现在,准备工作已就绪,这就是我们的纸夹了。你可以用这个纸夹来表演有趣的魔术给你的朋友看。

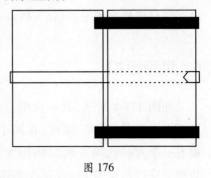

图 176

首先,拿一张纸,让你的朋友在上面签名,以此来证明你没有用其他纸代替。把签了名的纸放在这个纸夹的两条布的中间,然后把纸夹对折,过一会儿再打开。这么一来,当你再打开时,纸就会从反面的另一条布下面跑出来。

这个魔术的秘密就是,当你把纸夹盖起来时,纸条会附到另一边,你只要让它滑到另一面的长布中间,再反折过来就可以了。

这种魔术虽然很简单,但是,一般人都搞不清楚,无法识破。

8. 心得

当我还是小孩的时候,哥哥时常变魔术给我看,我看了之后,觉得很迷惑,所以,回到房间做功课时,就研究哥哥做给我看的魔术,因为我对哥哥的魔术有强烈的好奇心。当我正在思考时,忽然听到隔壁房间传出了笑声,我从门缝窥视,才知道哥哥和他的朋友在笑。

"喂!你也来吧!我让你看看有趣的魔术。"

大概需要我帮忙。哥哥是变魔术的高手。

哥哥把火柴棒零散地撒在桌子上,然后说:"你们看,这张桌子上有 10 根火柴棒,我现在从这个房间出去,当我不在时,你就选择这些火柴棒中的一根,不要拿起来,只要记在心里就行了。我回来之后,看看这些火柴棒,就马上知道你选择的是哪一根。"

"不过,如果你猜中而他不承认的话,该怎么办!"哥哥的一位朋友提出了这样的问题。

"所以,必须要有人监视,唯有监视才能把这个游戏做好!"

"对了! 我们就这么办。你把选择的那一根火柴棒记在心里之后,就把它告诉张三(哥哥的好友)。"

"现在,我们开始吧!"

我等哥哥到了厨房之后,才选择了桌上的一根火柴棒记在心里,当然,我没有用手去摸,只是用手指给张三看了一下,等一切都准备好后,才把哥哥叫回来。

"我们已经选好了!"

我很自信地想着,哥哥不可能知道我选的是哪一根火柴棒。因为,我和哥哥的朋友们都没有去摸过火柴棒,所以,每一根火柴棒都是保持着原来的样子。在这种情况之下,哥哥怎么可能猜得中呢?

可是,哥哥回来后,一猜就猜中了!

当他走到桌子旁边时,就指着我心里想的那根火柴棒。在他还没猜之前,我为了扰乱他的判断,就故意把眼睛看着另一根火柴棒,但是,哥哥根本不看我的眼睛,真的一猜就猜中了⋯⋯这时,我真的是一头雾水!

"怎么样,再试一次吧?"

"当然! 我才不信你猜得这么准!"

于是,我就再试一次。可是,哥哥回来后,又猜中了!

我很不服气,连续试了10次,但是,每一次都被哥哥猜中。

我真是又难过又不服气,在失望之余,我想学这种奇妙的魔术了。

哥哥的朋友看到我这副沮丧的样子,觉得很可怜,于是就把方法讲了出来。

他们所说的方法是什么呢? 你想知道吧!

这个秘密,老实说只骗得了我。哥哥的那位好朋友张三以及其他的人,表面上好像是监视人,其实,根本就是哥哥的同谋,他们暗地里给哥哥传讯号。

这个讯号是什么呢?

他们太狡猾了。实际上,这些火柴棒并不是随意乱放的,而是按照人的脸的各部分排列的。

就是说,最上面的火柴棒表示头发,再下的一根就表示额头,其他的,就按照此顺序,分别表示眼睛、鼻子、嘴巴、下巴、颈,而旁边的两根火

柴棒表示耳朵。（见图177与图178）

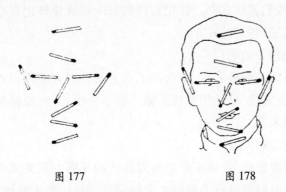

图 177   图 178

所以，哥哥一走进房间就看张三，这位张三真是不够义气，故意在我不知道的情况下，去摸他的鼻子、颈、右眼等，我记得最后一次好像是摸左耳，张三不讲话，那是怕我看到，他通过这种方式来给哥哥暗示我选择的是哪一根火柴棒。

9. 令人害怕的影子

"你有没有看过什么奇怪的东西呢?"一天晚上，哥哥这样问我，"我们一起到房间去看看。"

这个房间很黑，哥哥拿着蜡烛带我进了房间。我很勇敢地走在前面，门也是我开的。

当我走进房间之后，吓了一大跳，因为有一个很可怕的怪物正在房间的墙壁上瞪着我。这个怪物很像扁平的影子，而且它只看着我。我不由得后退几步。如果没有哥哥跟在我后面，我也许在惊骇之下转身就跑出去了。

终于，我看看四周才知道了原因。原来在墙壁的大镜子上贴着眼睛、鼻子、嘴巴的剪纸，又因为哥哥拿着蜡烛，所以会有火光投射到镜子上，而反射的光又会和我的影子融合在一起，从而产生了怪物。

说起来，这是一个恶作剧——因为这个怪物根本就是我自己的影子。后来，我如法炮制来吓唬我的朋友，那时，我才知道镜子的位置并不容易放好，必须要经过多次的练习才能把镜子的位置调整好。而光线，就按照物理的法则从镜子反射出来。换句话说,光线在镜子上的反射角和入射角相等。

10. 放大镜的妙用

你用四倍率的放大镜把 1 度半的角放大观察时,这个角是多少呢?

图 179

当你用四倍率的放大镜来观察 1 度半的角时,也许你以为会变成 6 度(1.5×4=6),如果你这样想的话,就错了。因为角度的大小,即使用放大镜来看,也是不会改变的。

在某角度下,用某半径画一个圆,然后用放大镜来看,这个圆当然被放大了,同时半径也按照倍率被放大了,但是,中心角的大小一点都没有变。请读者们看看图 179 与 180 就知道了。

图 180

11. 无底的杯子

有一次,哥哥把盛满水的杯子放在桌上,然后对我说:"如果现在我把硬币丢进杯子里的话,你认为会发生什么事呢?"

"我知道——水一定会从杯子里溢出来。"

"好!我们来做做看。"

哥哥把一个硬币轻轻地放进杯子里,但是,非常奇怪,水连一滴都没有溢出来。

"我再丢一个硬币进去看看。"哥哥说。

我很替哥哥担心,所以对他说:"这次一定会溢出来,你要小心。"

可是,我又错了。虽然第二个硬币也沉到杯底,但是水仍然没有溢出来。然后,哥哥又丢进了第三、第四个硬币。

"奇怪!这个杯子好像没有底嘛!"我脱口而出。

　　但是，哥哥一点儿都不紧张，仍然很得意地继续丢进第五、第六、第七个硬币——虽然硬币都沉入杯底，但是水还是没有溢出来。我有些怀疑我的眼睛是否看错了。我很想知道这个谜题的答案。

　　可是，哥哥并没有马上解释的意思，依然很小心地把硬币一个接一个丢进杯子里，丢到第 15 个才停止。

　　"嗯！差不多这样就好了。"哥哥终于说话了。

　　"你仔细地看看，水在杯口边缘鼓起的地方。"

　　于是，我很仔细地观察杯子的水面，果然，水面好像有火柴棒那样粗细的鼓起厚度（约一个硬币厚度），尤其是中央部分，特别高。

　　"在这鼓起的水中，包含着这个谜题的一切答案。"哥哥继续说。

　　"硬币进入杯子之后，所压出的水究竟跑到哪里去了呢？"

　　"15 个硬币所排开的水真的那么少吗？"我几乎不敢相信他的话。

　　"15 个硬币堆起来的话，非常像一座小山，但是在这个实验中，只有约火柴棒那样粗细的高度，是不是在杯子水面上非常薄的一层才相当于一个硬币的厚度？"

　　"你不要老是想水层的厚度，应该想一想水面的面积。水层的厚度不是硬币的厚度，这点你先要知道，因为水面的面积要比硬币的表面积大好几倍。"

　　我在心里粗略地计算着，杯口的直径约为硬币直径的 4 倍。

　　"水层有 4 倍，而且面积的大小、厚度也一样，那么水层比硬币大 4 倍。"这是我在心里所作的结论。

　　"依我看，杯子里只能放进 4 个硬币，可是我却亲眼看见放了 15 个硬币，这实在令我想不通。究竟是怎么一回事呢？"

　　"这是因为你计算错误的结果。我告诉你，如果有一个圆的直径比另一个圆的直径大 4 倍的话，面积就不只大 4 倍，而是大 16 倍。"

　　"你说什么？"

　　"这点你应该知道。我问你，1 平方米等于几平方厘米？会是 100 平方厘米吗？"

　　"不对，应该是 $100 \times 100 = 10000$，1 万平方厘米。"

　　"这样才对。所以，直径大 4 倍，面积就应该大 16 倍。也就是说，鼓起的水的面积应是硬币的 16 倍，那么体积也应是硬币的 16 倍。说到这里,我相信你已经明白了——因此,能容纳硬币的空间很多。"

12. 迷宫

"喂! 你看的那本书有什么好笑的呢? 是不是有很有意思的故事!"哥哥问我。

"是啊! 这是詹姆斯写的《小艇上的三个人》①。"

"我看过,这是一本很有趣的书! 你现在看到什么地方了?"

"我看到有很多人走进迷宫庭园中,结果都无法走出来。"

"等一下,我这里好像有这种迷宫庭园的图。"

哥哥一面说,一面去翻他的书柜。

"你真的有这种迷宫图吗?"

"是不是汉普敦广场的迷宫庭园? 它位于伦敦的附近,至今已经有 300 年以上的历史了……找到了——《汉普敦的迷宫图》。不过,这张图并不大。看样子,这个迷宫有 1000 平方米。"(见图 181)

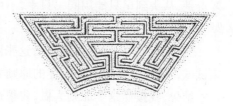

图 181　汉普敦的迷宫图

哥哥说着,打开了一本有这张图的书。

"假定你在这里——中央广场,想要走出迷宫的话,应该沿着哪一条路才能走到出口呢? 你用火柴棒指给我看。"

于是,我就用火柴棒指着中央,然后看着这张图,沿着弯弯曲曲的路指出来。但是,这个迷宫比我想象中的更复杂,因为我沿着这张图的路线弯来弯去,结果,还是回到了原来的地方。这就和我刚才看那本书而对作者发笑的原因是一样的!

"这样,你就知道,即使是看图也没有多大的用处。不过,如果老鼠来走这个迷宫的话,我相信不要这张图,它也能跑出来。"

"老鼠? 什么样的老鼠?"

---

① 詹姆斯是英国的幽默作家,《小艇上的三个人》是他 1889 年的作品。

　　"就是这本书上所说的那只老鼠。你以为这本书只是描述平原建筑屋的事情吗？其实不然。这本书是在描述动物的智能，为了检验老鼠的判断力，学者们用石膏做了很多同样的迷宫，然后，把实验的老鼠放进去。在这本书中有详细的说明。结果，这只老鼠在石膏制的汉普敦迷宫中只花了30分钟就把正确的出口路线找出来了，这种速度算是相当快了，比詹姆斯书中的人找得更快。"

　　"可是，我看这张迷宫图似乎很简单。结果，刚才试试，又觉得不简单……"

　　"走迷宫有非常简单的原则，只要你知道，就不必担心找不到出口，而且可以放心大胆地进入迷宫中。"

　　"究竟是什么法则呢？"

　　"就是用右手或左手一直摸着迷宫的墙壁，然后慢慢前进就可以了，要点是，从头到尾只能用同一只手，不可以换。"

　　"只这样，就行了吗？"

　　"是的。现在，你认真地看看这张图，然后在脑子想象出同样的迷宫来试试，不过，一定要遵守刚才的原则才行。"

　　结果，我按照这个原则去做，我很快到达了出口。就是说，从迷宫的入口很快地到达了中央，然后从中央又很快地到达了出口。

　　"哇！了不起的原则！"

　　"哪里，"哥哥又继续说："这个原则对在迷宫中迷路的人很有用，但是，对那些想走捷径的人就一点都没有用了。"

　　"不过，我刚才也没有走完图中的所有路线，还不是走出来了。"

　　"你错了。如果你把走过的路线用铅笔做虚线记号，就知道你哪一条路没有走过。"

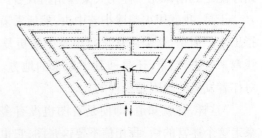

图182

　　"哪一条？"

　　"我在这张图上，用星做记号的路线就表示你没走过。这个原则，用在别的迷宫上也很有用。就是说，虽然你能从迷宫中走到出口，却无法把迷宫中的每一条路都走过。"

"如此说来，迷路的人有很多啰？"

"很多。现在这种迷宫大多设立在庭园或公园中。在野外的话，就在高大的围墙中徘徊。可是，古代的迷宫都是建在大的建筑物中或洞窟内。通常，都是有目的才做的。所以被放进迷宫的人，就是在这种纵横的走廊或房间等地方，不是走得精疲力竭、饥饿，就是死亡。譬如传说中的古代国王 Minos（古代希腊神话中的克里特岛国王）曾颁布一道命令，在克里特岛建一座迷宫，结果，就连负责建迷宫的拉伊鲁斯本人也不知道哪里是出口，被困在里面许久。"

13 古帝王陵

"古代有些迷宫是为了保护国王的坟墓不被盗墓者掠夺才建造的，也就是说，把国王的坟墓设置在迷宫的中央，所以，有些为了要挖掘国王的坟墓盗取金银财宝的人，即使能顺利地到达坟墓，也会因为无法找到出口而困死在里面。因此，国王的坟墓往往也成了盗墓者的坟墓。"

"哥哥，那些盗墓者为什么不应用你所说的迷宫原则呢？"

"第一个理由是，古代大概没有人知道这个原则。第二个理由就是我刚才说过的，这个原则不一定适用于所有的迷宫。不过，话又说回来，如果懂这个原则且能善加利用的人，就可以做一个隐藏的迷宫路线，让大家在不知不觉中走过去。"

"那么，完全无法走出来的迷宫能否建造呢？当然，按照哥哥所说的原则来走迷宫的人，就能走出来。如果迷宫建造得复杂的话，人走进去之后，会怎么样呢？……"

"古代的迷宫都做得十分复杂，所以，人们总以为进去之后，就出不来了，其实，并非如此。因为没有出口的迷宫是无法建造的，关于这一点，可以用数学的确实性来证明。不但如此，还能把迷宫中的每一条路都走过，而且，最后还能从迷宫中走出来。但是，一定要遵守走迷宫的原则才行，同时，必须提高警觉。200多年以前，法国有一位植物学家到克里特岛，他鼓起勇气进入岛上一个洞窟，因为他听说这个洞窟有数不尽的路,也可以说,这是一个没有出口的迷宫,当然,这只是传说罢了。在克里特岛上,这种洞窟很多,因此,才会有古代 Minos 王建造迷宫的传说。这位法国植物学家为了避免迷路,采取了一些什么措施呢?关于这一点,法国的数学家鲁卡斯曾作了如下的说明。"

哥哥从书柜里拿出一本书,书名为《数学的安慰》,他翻开这本书,然后把有关的部分念给我听。

……我们这些同行者差不多把地下所有的走廊都走过了,最后,来到一条又长又宽阔的道路,这条路是通到这座迷宫的广场的。

从这个地方向两侧看,有好几条路延伸出去,如果你不提高警惕的话,一定会迷路。但是我们一直想着如何从这个迷宫中走出去,换句话说,我们为了确保回程的路,所以很小心。

首先,我们在洞窟的入口留了一位向导,并且告诉他,如果到了晚上我们还没有回来的话,就立刻去通知邻村的人来救援。其次,我们每人都带有火炬。第三,当我们每走到拐角时,就把写了号码的纸条贴在墙上,而且是从右边贴上去。第四就是,我们向导中的一人准备了许多绑成束有刺的灌木,把它们放置在重要道路的左侧,另一位向导把很多切成细末的稻草放在背袋里沿路撒……

图 183

念完这节之后,哥哥又说:

"如此,走迷宫需要准备很多东西,对我们来说,也许不需要这么麻烦。但是,在那位植物学家的时代,如果不这样做的话,走迷宫就会很困难。因为,当时走迷宫的方法还没有发明出来。现在,走迷宫的方法已经被发明了,而且这个方法很简单,甚至比那位法国植物学家所做的各种准备更充分。"

"哥哥!你知道这个方法吗?"

"这个方法很简单。第一,进入迷宫之后,就选择你喜欢的路一直走,走到胡同或交叉口就停住,如果是胡同的话,在出口放两块小石头,这就表示这条路已经走过了,如果走到交叉口的话,还是选你自己喜爱的一条路走,不过,这时你也要在走过的路和将要走的路上做记号,即放一块石头,这就是走迷宫的第一原则。

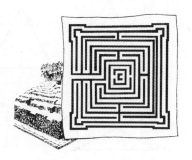

图 184

"现在,说明第二原则。如果朝新的路前进,结果又回到以前走过的交叉口时(这个地方在以前已经放过石头了),你就在这条路的末端再放两块石头,然后,再朝着原来的路前进。

"最后,要说明第三个原则。如果沿着走过一次的路而又回到走过一次的交叉口时(这个地方以前也放过石头),你就再放一块石头来表示这条路已经走过,然后,往没有走过的路前进。如果这条路又是胡同的话,就在入口放一块石头,再选另一条走过的路走。

"如果能遵守这三个原则的话,在迷宫中,不经过某些小路,也能走出来。在我的书柜里,有许多迷宫的资料,大

图 185

部分是从图解杂志上剪下来的(这里所登载出来的图片只是其中的三张)。如果你想走迷宫的话,可以在这些图上走走看。"(见图 183、图 184、图 185)

14. 一笔画

类似迷宫的难题,还有一种叫作"一笔画出来"的。你是否能用一条线不走两次而将所有指示出来的路都走过,且最后从出口走出来的问题,就是一笔画的问题。具体地说就是"用线描出的图形摆在你面前时,

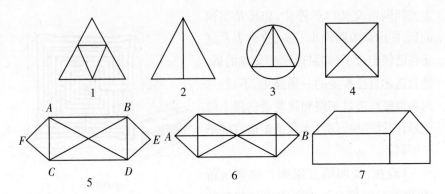

图 186

你必须用一支笔，不离纸面，且对同一线不走两次，还能一笔就画出来"的意思。这里面的图形（图 186），有些是无论从什么位置开始画，都可以一笔就画出来，有些图形就必须从某一固定的位置开始画，否则无法在一笔之下就画出来，有些图形无论你从什么地方开始画，都无法一笔画出来。

为什么会有这种差异呢？是不是有什么特征存在图形中呢？有些图形，虽然一笔就可以画出来，但是应该从哪一点着手呢？

在考虑这些问题时，请先看看图 187。面临波罗的海，也是俄国和波兰交界的附近，有一个叫波的都市，这个都市在第二次世界大战

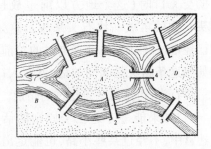

图 187

之前，叫作克尼斯别克。在这个都市里有一条河贯穿着，如图示，河上有七座桥梁。大约在 200 年以前，有一位市民提出如下的问题——"同一座桥梁不要走两次，而能将所有的桥梁都走过，能否做到？"这就是"克尼斯别克的过桥问题"（又名七桥问题）。

当时，瑞士著名的数学家莱昂哈德·欧拉（1707—1783）很关注这个问题，因此，说了如下的一段话："……克尼斯别克的河流中有一个小岛。这条河流到这个小岛时分成了两条支流，在这条河上有七座桥梁。你是否能把所有的桥梁都走过，且每一座桥只走一次呢？"

有些人说可以。也有一些人说："这是不可能的……"

你认为如何呢？

欧伊拉把"克尼斯别克的过桥问题"当作数学上的问题来研究、解决。

为了使读者理解这个问题，我们不妨把刚才的地图简化成如图188所示的图形。这种问题和岛的大小、桥梁的长度没有什么关系，所以，把地图上的 A、B、C、D 用点来表示，桥梁用线来表示，如此，就变成了图188的图形。如果你能将这个图一笔就画出来的话，就可以把这七座桥都走过一次，回到原来的地方。

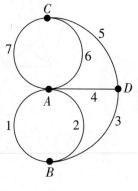

图 188

请看图188，D 点有 3、4、5 三条线，也可以说，有奇数条的线。这就意味着可以把其中的两条线连接为一条，而这一条线要通过 D 点，还剩下一条，就变成从 D 点出发或到 D 点终了的线。这是站在一笔画的立场来考虑的，所以，若某一点有奇数条的线出现的话，这一点就是开始下笔的点，或一笔画之后，最后终了的点。

看图就知道，每一点都有奇数条的线出现，那么，每一点都是开始下笔或一笔画之后结束的点了。这是不可能的。所以，这个图形无法在一笔之下就画出来。换句话说，河上的七座桥梁无法只通过一次就全部走过。

数学家欧拉就是用这种方法来证明这个问题是无法解决的。

你再认真地看一看图186中的七个图形。这些问题，如果按照理论来说的话，都能得到完美的回答。现在，来说明这些理论吧！

在图形中的各点（即线和线的交点），有偶数条线集中的点，就叫作偶数点（或叫偶点），有奇数条线集中的点，就叫作奇数点（或叫奇点）。

每一种图形中，都有奇数点两个、四个、六个……就是说，有偶数个或完全没有。如果图形中没有奇数点的话（即全部是偶数点），无论从哪一点开始画，都能一笔就画出来。例如：图186的图形 1、5 就属于这一种。

如果图形中有两个奇数点的话，无论你从哪一点（指奇点）开始画，

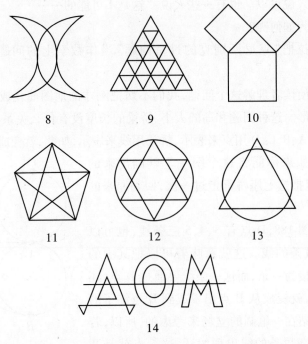

图 189

都能一笔画出来。而另一个奇数点,就是一笔画下来的终点。例如:图186 的图形 2、3、6 都是属于这一种,尤其图形 6,无论你从 A、B 哪一点开始画,都可以一笔就画出来,而 A、B 中的另一点就是终点。

如果图形中有三个以上的奇数点时,就无法一笔画出来。例如:有四个奇数点的图 186 的 4、7 就是属于这一种。

到底什么样的图形可以一笔画出来,而什么样的又不行呢? 应该从哪一点开始画呢? 要是没有判断错误的话,只要明白上面说的几个要点就可以解决这些问题。现在,试试看能不能将图 189 所示的 8~14 的图形用一笔画出来。(1~14 的一笔画解答,请看图 190)

图 191 所示的是贯穿圣彼得堡市的河流和桥梁的位置图,此河上的桥梁共有 17 座。

这和克尼斯别克的桥梁问题一样,现在,就请你来解决"圣彼得堡的渡桥问题"。

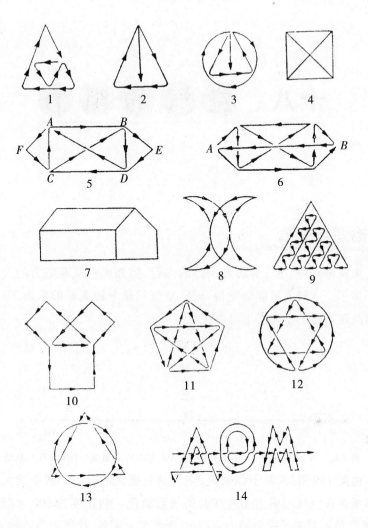

图 190

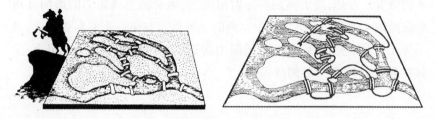

图 191　横渡圣彼得堡桥梁

十八、空气的阻力

1. 枪弹与空气

大家都知道,空气会影响子弹的飞行,但知道空气有阻力的人可能就不多了。一般人可能会觉得奇怪,空气只是一种无形的东西,怎么可能对高速飞行的子弹产生阻力呢?

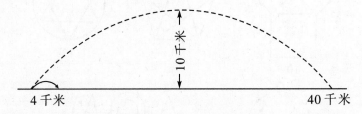

图 192　真空中(虚线大圆弧)与空气中(左侧的小圆弧)子弹的飞行轨迹

由图 192 可知,对子弹来说,空气具有极大的阻力。图中的大圆弧表示子弹在空气的阻力不存在时的飞行轨迹。初速度为 602 米/秒,以 45 度仰角发射的子弹会画出高约 10 千米的大圆弧,掉落到前方约 40 千米的位置。可是,当子弹在实际射出时,会因受到空气阻力的影响而落到前面约 4 千米的地方。图中左侧的小圆弧若与第一个大圆弧相比,微小得几乎看不见,这就是空气的阻力所造成的。如果空气没有阻力,子弹就会射中 40 千米处的敌人了。

2. 超远程炮击

第一次世界大战末期，德国炮兵部队开始以 100 千米或超过 100 千米的炮击距离向敌人发动炮击。准确的时间是1918 年。当时，制空权被同盟国所掌握，因此，德军参谋本部便以长程炮击来代替对敌人的空袭，这种方法可在前线炮轰距离远在 110 千米以外的

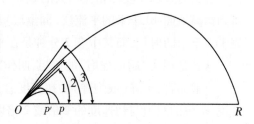

图 193　仰角与射程的变化。仰角 1 时，炮弹的落点为 P，仰角 2 的落点为 P′，仰角 3 的落点为 R，因为这时炮弹飞行在稀薄的大气层中

法国首都巴黎。这种方法以前没人试过，德军的使用也纯属偶然。就是用大口径的大炮以极大的仰角发射，使本来 20 千米的射程延长到 40 千米，因为以很大的初速度与仰角发射的炮弹才可能进入阻力很小而空气稀薄的大气中。由于高空的空气阻力小，炮弹的射程加大，使其能落到较远距离外的地面。由图 193 可知，仰角发射的射程与一般方法发射的射程差别极大。

依据这种理论，德军为了炮轰 115 千米外的巴黎，才着手研究"超远程炮击"（请看图 194）。至于长程大炮的完成与应用则是1918 年夏天的事，当时有 300 发以上的这种炮弹落入巴黎市区。大炮长 34 米，有外口径长约 1 米的巨大钢铁制炮身，炮身后部的厚度为 40 厘米。大炮的重量达750 吨。炮弹的长度为 1 米，直径为 21 厘米，重量为 120 千克。

图 194　在第一次世界大战登场的德军长程炮

炮弹装有火药 150 千克,发射时能产生 50000 牛的压力,初速度约为每秒 2000 米。

射击时,以 52 度仰角飞出去的炮弹会画出一个极大的圆弧,最高点可到达离地面 40 千米的平流层(同温层)。在 3 分 30 秒内,炮弹就可飞完 115 千米的射程,而其中有 2 分钟是在平流层飞行。

这就是现代"超远程炮"的始祖,叫作"长射程炮"。

一般而言,子弹(或炮弹)的初速度愈大,空气的阻力也就愈大,换句话说,空气的阻力与初速度的 2 倍或 2 倍以上成正比。

3. 风筝何以升空

风筝是怎么往上飞的呢?

如果能弄清这个道理,我们便会知道飞机为什么会升空,枫叶的种子为什么在空中飞扬,以及来回飞镖(boomerang,一种澳大利亚土著所用的"狩猎"形武器)之所以会来回的原理了。这三种运动有着相同的地方。空气虽然会阻碍子弹或炮弹的运动,但对枫叶种子、风筝或装载许多乘客的飞机,反而能使之上升。

在说明风筝升空的理由之

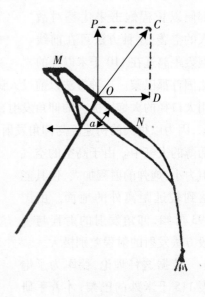

图 195　风筝的受力图

前,请读者先看图 195。假定图中的 MN 为风筝的剖面,如果我们放开手中的风筝,扯动线,风筝会由于尾巴附着的重量而与地面形成角度向前进。假定倾斜的角度为 α 时,把风筝向右拉,会有什么力产生呢?当然,空气会阻碍风筝的运动,对风筝产生力。图中的箭头 $\overrightarrow{OC}$ 就表示空气对风筝剖面 MN 的作用力。力 $\overrightarrow{OC}$ 利用力的平行四边形法则可分解为 $\overrightarrow{OP}$ 与 $\overrightarrow{OD}$ 两种力。$\overrightarrow{OD}$ 将风筝向后推,使速度减小,$\overrightarrow{OP}$ 则把风筝往上托。这时,$\overrightarrow{OP}$ 就是上扬力,这种力可以减少风筝的重量。如果 $\overrightarrow{OP}$ 十分大,且超过风筝的重量时,就能使风筝上升。我们拉动风筝线,能使风筝上升,理由即在此。

飞机飞行的原理和风筝相同,不同的是螺旋桨或喷气引擎的推进力取代了拉动风筝的力,而这种推进力就是促使飞机升空的原因。当然,使飞机升空的条件还有很多,这里只能简略地提及,无法作详细的说明。

4. 活生生的滑翔机

大家可能以为飞机的构造和鸟类相似,实际上,飞机的构造比较像鼯鼠或飞鱼的构造,但是,鼯鼠利用飞膜的目的并不是想飞起来,而是想做更大的跳跃,做"空中滑行"罢了。鼯鼠这种动物,虽然具有前章所提到的力$\overrightarrow{OP}$,但$\overrightarrow{OP}$并未和体重(重力)平衡。换言之,力$\overrightarrow{OP}$不大,只可能减轻体重,从而帮助鼯鼠从高处顺利跳跃。

鼯鼠能从相距20~30米的高树枝跳到低树枝,很轻快。在东印度和锡兰岛上,栖息着大型的鼯鼠,大小如猫。当它们展开所谓的"羽翼"时,宽约50厘米。因此,体重相当重的鼯鼠也可借着羽翼飞到50米之外。此外,在菲律宾群岛一带,听说住着一种猴子,能飞70米之远。

5. 会飞的种子

植物为了散播种子或果实,也常利用空中滑行的原理。植物的果实或种子,有些长着许多细毛,例如:蒲公英、婆罗门参,它们的细毛具有降落伞的功能;有些植物的种子则长着翅膀状的东西,例如针叶树、枫树、白桦、菩提树、芹科植物等。

克亚纳·凡·马利雷恩的名著《植物的生活》中有如下一段记载:

在没有风的晴朗天气,总会看到许多植物的种子或果实,随着气流上升到很高的高度,直到日落时分,这些种子才可能飞舞着落地。这类种子的飞行能将种子散布在极其广阔的区域。有趣的是,种子能跑进陡坡或断崖的裂缝中,但用其他方法则很难办到。还有,水平的气流往往也会将飘浮在空中的种子或果实带到非常遥远的地方。

图 196　婆罗门参的种子

有一部分植物,本身就是种子,所以附带着"降落伞"或"翅膀",能使它在空中飞翔。蓟就是一个很好的例子,它的种子能平稳地在空中飞翔,一旦碰到障碍物,附着的"降落伞"就会迅速脱离种子。我们常在房屋的墙壁或篱笆旁看到蓟,理由即在此。当然,在碰到障碍物之前,"降落伞"会始终附着在种子上。

图 196 与图 197 就是具有滑翔功能的种子和果实。

这种植物的"滑翔机"比人类所制作的滑翔机有更多的优点。它们能携带比本身重的物体,同时,还具有自动调节飞行的功能。例如:印度产素馨的种子,当上下颠倒时,它会以凸出的一端为下方,自行调回原来的状态。在飞行途中,即使遇到障碍物被迫突然下降,也不会失去其稳定性,而会缓慢地落到地面上。

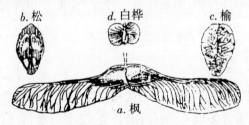

图 197　有翅膀的种子

6. 令人捏把冷汗的伞技

伞技中有一种项目叫作"超高度降落",就是从高度 1 万米的飞机中跳下来,可是直到高度 200~300 米的地方,降落伞还未张开,这是一种从高空迅速降落的危险竞技。

由于降落伞没有打开,跳伞者就像石头一样从高空迅速下落,看起来如同在真空中下落一般。假如人的身体在空气中下落的情形和真空中下落的情形相似,那么超高度降落所需的时间必定比实际时间少,而且这种降落的最终速度(末速度)也必定快得令人恐惧。

实际上,由于空气阻力的原因,降落速度的增加会受到阻碍。超高度降落时,跳伞者的下落速度只有在最初的 10 秒钟,也就是在最初的几百米内会有所增加。随着降落速度的增加,空气阻力会急剧地增大。过不了多久,降落速度的变化就减慢,直到原来的加速度运动变为匀速运动。

从力学的角度出发,超高度降落的做法大致如下:跳伞者的加速降落与体重无关。在最初的 12 秒或比 12 秒短的时间内,也就是在 10 秒左右的时间内,跳伞者会下降 400~450 米,每秒的下降速度约达 50 米。在降落伞张开之前,就维持这种速度下降。

雨滴下落的情形和跳伞相似,最初下落的加速时间较短(不到一秒钟),只有这一点不同罢了。此外,雨滴最终的下落速度也比超高度降落的最终速度小,这点得视雨滴的大小而定,在每秒 2~7 米之间。

7. 来回飞镖

来回飞镖是由原始人创造的一种精巧武器,连科学家也都一直赞叹这武器的巧妙。如果你看过来回飞镖在空中所画出来的弧线(图 198),你可能会更惊叹呢!

现在,人类已能对来回飞镖的飞行原理进行透彻的分析,所以,人们已不再把它视为奇迹了,本书限于篇幅,因此,我只挑几个重点说明。来回飞镖神奇的飞行

图 198　投掷来回飞镖的澳大利亚土著。若没有击中猎物,飞镖就会沿着虚线飞回猎人的手中

是由下面这三大要素配合而成的:(1)最初的投掷,(2)来回飞镖的旋

转,(3)空气的阻力。澳大利亚的土著以他们的本能把这三大要素结合起来。他们利用来回飞镖的倾斜角度、投掷力量及方向的巧妙改变,能将飞镖任意地投掷到自己所期望的地点。

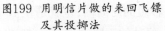

图199　用明信片做的来回飞镖　　　图200　其他形状的纸制来回
　　　及其投掷法　　　　　　　　　　飞镖

要想运用自如,就必须拥有某种程度的技术。你不妨依图 199 所示的方法,用明信片做个纸制飞镖,在自己家里投投看。握柄部分长约 5 厘米、宽约 1 厘米。把纸制飞镖以图 199 的方式用手拿着,再用手指来弹一端,必须稍微往上弹才可以。有时,飞镖会画出一种奇特的曲线在空中飞行 5 米,然后落到我们的脚上。记住,不能让它碰到屋内的任何东西。如果利用图 200 所显示的尺寸和形状制作的来回飞镖,实验起来将更轻松愉快。如果将飞镖的柄做成螺旋桨状(图 200),只要稍加练习,就可使来回飞镖在空中画出复杂的曲线,然后飞回原处。

一般人都以为来回飞镖是澳大利亚土著特有的武器,殊不知印度有许多地方也使用这种武器。如果从至今仍保存的古老壁画来判断,就可知它昔日也是亚述帝国士兵的武器(图 201),甚至古埃及都有这种武器。澳大利亚来回飞镖所具有的特征就是它扭曲得像螺旋桨的部分,就是因为具备这种扭曲的部分,澳大利亚的来回飞镖才能在空中画出优美的曲线飞行,击中猎物,并且在最后回到投掷者的脚下。

图 201　投掷来回飞镖的古埃
　　　及战士

十九、视觉

1. 错视

错视(眼睛的错觉)并不是人类视觉方面偶发的现象。所谓错视,是指正常人的眼睛在看东西时,所产生的一种经常而有规律的错误现象。当我们处于某种状态下时往往会产生错视,但是我们本身并不知道亲眼目睹的现象有任何错误。眼睛产生的这种错误,并不是人类的身体器官有任何缺陷,也并不是人类独有的。当然,我们最好能设法矫正这种视觉上的偏差。对画家而言,能看见非实际影像的这种机能反而能使意识表达手段更为丰富。

"……这种人人共通且与生俱来的错觉,画家比任何人都善于运用……所有的绘画艺术都是以这种错觉为基础的……"

18世纪,瑞士著名的数学家和物理学家莱昂哈德·欧拉(Leonhard Euler)曾有如上的评论,他还说:

"……所有的绘画都是根据这种错觉。如果我们养成只从真实角度来判断一切东西的习惯,画家即使再善于调色也是枉然。或许你会说:画面上有红点、黑点,这边有浅蓝色点,那边还有好几条白线,这是因为你认为只是颜色堆砌在同一平面上,不但没有任何远近感,甚至感觉不出在描绘什么对象的结果。如果这样,那么无论画家花多少心思去画,也都只是一些堆砌的颜色罢了,我们也只能从这些斑点去追索它们的意义了。实际上,我们仍是从错误的角度去看它们,因为我们忽略了'错觉'的存在。艺术的表达领域太广阔了,能给我们太多的愉悦与充实感,结果却因不懂错视的原理而失之交臂,这岂不是太遗憾了吗……"

对于艺术家、物理学家、生理学家、医生、心理学家、哲学家以及好奇心强的学者来说,往往可以从中获得相当多的收益。很遗憾,过去有关这方面的书籍——大略收集视觉错误实例的书籍并未出现。现在,我以非专家的身份向大家介绍几种在通常条件下观察物体时出现错视的主要成因。

引起各种错觉的原因,部分已有合理而正确的解释。这些错视是因眼睛的特殊构造而产生的,换句话说,是由于光渗①、盲点、乱视等原因所产生的。此外,其他的错视原因也很多,但至今还没有较明确的解释(肖像画的错觉),有待进一步的研究。

2. 光渗

现在来看图 202 左侧的黑十字图形,由于光渗的原因,十字形与四方形边缘相邻的部分看起来就如右图所示,中央部分有凸入的现象。当然,右侧的图描绘得比较夸张。

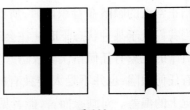

图 202

光渗的原因就是物体的各个明亮点在我们视网膜上的像并不是点,而是圆(球面收差②的结果),因此,当影像映到视网膜时,边缘明亮的线看起来面积就会增加。此外,由于黑色的面以白色为背景,有着明亮的边缘,所以影像显得较小。

3. 马里奥特的实验

距离图 20320~25 厘米的地方,把右眼闭起来,用左眼来看右上方的小十字。这时,你会觉得左侧中央的大白圆完全消失,但是在大白圆左

---

① 光渗,就是指比周围更明亮的物体或发光体(如天体),我们都会有看到的比实际更大的一种心理错觉。

② 所谓球面收差,是指通过透镜光轴的光和通过透镜周围部分的光并不会集中在一点,会造成影像蒙眬的现象。像点一般的物体所发出的光线经过透镜之后,会形成小圆形的像。人的眼睛好比一种透镜,所以会出现这种收差。

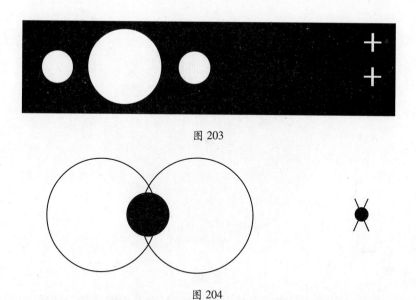

图 203

图 204

右的小白圆却看得很清楚。只要你不改变图的位置,再看下方的小十字时,你会发现,小白圆也消失了一部分。之所以产生这种现象的原因,是由于小白点的影像刚好落到盲点位置的缘故。换言之,刚好落到对光无反应的视神经入口处。下一实验是现在所做实验的一种变形。把图 204放在离眼睛 20~25 厘米的地方,然后闭上右眼,用左眼看右侧的十字,当你的眼睛逐渐靠近距图 204 的某一距离时,虽然还能识别出左侧的两个大圆,却完全看不见其中的黑色圆。

4. 乱视、残像、疲劳

图 205 是证明乱视的一种方法。如果你要检查某一只眼睛,就把图形放在这只眼睛的前面,并逐渐接近你的眼睛。当图与你眼睛的距离相当接近时,你就会看出对称的上下、左右两组扇形中,有一组比另一组更黑,而且线条也看得很清楚。这种现象便是由乱视引起的,即角膜(有时指水晶球、眼底)产生翘曲的结果。

然后,继续看图 206,把图向左右移动时,你会感觉图画中的眼睛也向左右转动。

产生这种错视的原因就是造成视觉影像的物体消失后,在极短的时

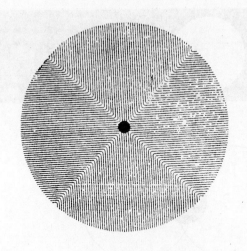

图 205

间内,我们的眼睛还保留原来的影像,也就是具有保留残像的特性。

我们再来看看图 207,首先,眼睛一直专注地凝视图上方的四边形,只要经过 30 秒,你就会觉得下方的白线消失无影。这种现象是由于视网膜疲劳所引起的。

图 206　　　　　　　　　　　　图 207

5. 缪勒的错视

图 208 和图 209 的线 ab、bc,长度虽然完全相等,但看起来 bc 比 ab 长。

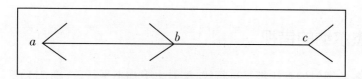

图 208

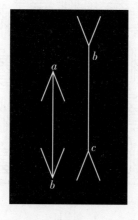

图 209

6. 杰斯特尔的错视

两个扇形的大小完全相同,乍看之下,上面的扇形似乎比下面扇形小。(图 210)

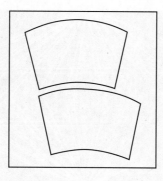

图 210

7. 杰尔纳的错视

各条倾斜的直线都是平行线,乍看之下却不平行。(图 211)

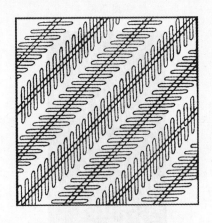

图 211

8. 格林克的错视

书上所画的平行的横线,乍看之下却好像是弯曲的。这种错视如果采用下列方法矫正后,就不会产生。

图 212

（1）把图片抬至眼睛的高度，保持水平状态，从纵方向来观察图中的横线。

（2）把铅笔竖立在图画中的某一部分，然后一直看着竖立的那一点。（图 212）

9. 修莱德的段阶

这种段阶可能会被看成三种情况：

（1）阶梯（视线偏向阶梯的左半侧）。

（2）靠墙做出的阶梯的凹下部分（视线偏向阶梯的右半侧）。

（3）手风琴的伸缩带。

以上的这些情形，会依你看时的情绪或希望而交替出现。（图 213）

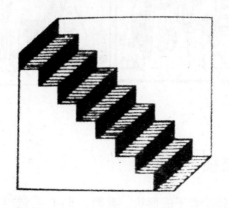

图 213

10. 翘曲画

把图 214 抬到眼睛的高度，让你的视线与纸面平行，然后从画面的下方看起，你就会看到与右侧相同的画面了。

这种图画一般称为翘曲图或歪像图（Anamorphosis），早在 16 世纪就已经出现于欧洲了。

图 214

11. 管子的错视

用短的横线描绘管子的形状。看图 215 时,会觉得右图倾斜排列的横线比左侧纵方向排列的横线短,其实,图中任何一条横线的长度都完全相同。

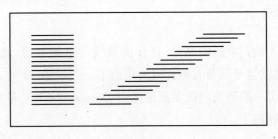

图 215

12. 各种错视

（1）图216的两个人都在走路，看起来前面的人好像比后面的人高大，其实两人的身高完全相同。

（2）图217可以随着你的想象而随意变动形状。如果你把AB看成是缺口的角材，是很像。如果你看成一个被拿掉三个面，在另一侧的壁上挂上一个小箱子的箱子，也很像。

（3）图218有两个图形。右边的圆能放进左侧的图里吗？乍看之下似乎放得进去，但实际上，圆的直径比两条线的间隔距离大，所以不可能放进去。

（4）不等边三角形周围有线段AB、CD、EF。乍看之下，这三条线段的长度好像不一样，其实这三条线段完全等长。（图219）

（5）图220中的这顶礼帽的高度看起来比帽缘的直径更大。其实，帽子高度和帽缘部分的直径等长。

（6）图221中，AB和BC的长度相等，但看起来却好像AB比BC长。

（7）乍看之下，图222中直立的木板比两条支撑木板的木板长，其实三条木板的长度相等。

（8）平分等腰三角形垂线的两条线，靠近顶点的线看起来比靠近底边的线短，其实两线长度相等。（图223）

（9）图224中有几个印刷字，从字中央到上方或下方，从正面看上下一样大，

图216

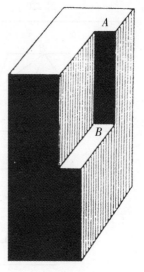

图217

但若把书颠倒着看,就会觉得这些字的上方部分比较小。

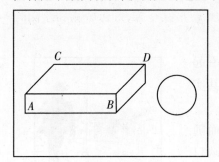

图 218

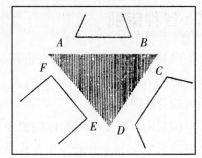

图 219

图 220

图 221

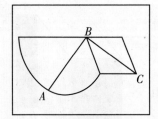

图 222

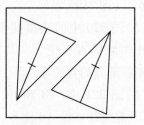

图 223

图 224

（10）图 225 右侧的长方形和左侧的长方形大小原本相同,但由于横断长方形的直线方向不同,看起来就觉得不太一样,好像右侧和左侧的长方形大小不等。

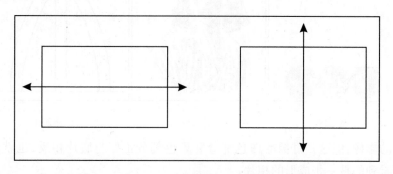

图 225

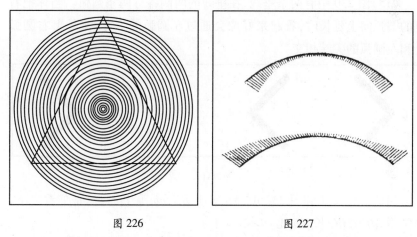

图 226　　　　　　　　　　　图 227

（11）图 226 中的三角形的三边看起来中间似乎凹下去了,其实都是直线。

（12）图 227 有两个圆弧,乍看之下,下面的圆弧比上面的圆弧长,而且弯曲的情形也比上面的圆弧缓和。实际上,两者为相同的圆弧。

（13）图 228 中,AB 的距离看起来比上下黑球的距离 CD 短。当图片离你的眼睛愈远时,这种错视就愈明显。

（14）图 229 为一张牛顿肖像画的底片。我们不妨先对准肖像中的某一点凝视约一分钟,然后迅速把视线转移到白纸或墙壁的明亮处(也可以把一张白纸迅速盖在肖像上)。在这一瞬间,你会看见和肖像画相

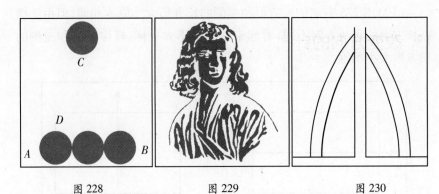

图 228　　　　　　　图 229　　　　　　　图 230

同的影像,但这张肖像的白色部分和黑色部分正好与底片相反,也就说你看到的是一张成形的相片。

(15)图 230 中有两条垂线,在垂线的两侧各有两条圆弧。当你把右侧的圆弧向上延长时,看起来好像会通过左圆弧的下方,实际上右圆弧会和左圆弧的尖端相交。

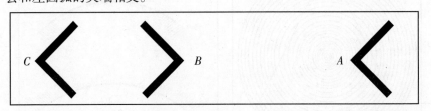

图 231

(16)在图 231 和图 232 中,AB 等于 BC,ab 等于 cd,但是乍看之下,会觉得 AB 比 BC 长,ab 比 cd 长。

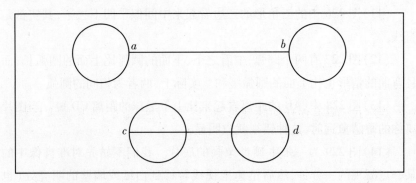

图 232

13. 改变方向的针孔

如图233所示的,每一个人都拥有一对小"暗箱",也就是我们的眼球,非常类似照相机里的暗箱。我们所谓的"瞳孔"不能说是眼中的黑眼球,应该说是通往视觉器官且内部呈黑色的小孔。这个小孔被透明的膜(角膜)覆盖着,内部充满了透明的液体(眼房水)。

瞳孔内侧有两个凸透镜形的透明"晶状体"紧贴着,从晶状体到里侧的壁(视网膜)之间充满了透明的液体(玻璃体)。对眼球这种完美无缺的"暗箱"来说,这些部分并不构成妨碍,因此,这样的眼睛便能获得鲜明的影像。例如我们看到前方20米处有一根高8米的电线杆,在我们的视网膜上就会映出长度约5厘米的长细棒。

更有意思的是,一般暗箱所映现的影像是颠倒的。由此可知,映入我们视网膜的影像虽然也是颠倒的,但是我们看到的却是实物真切的影像。这种颠倒的影像之所以会被视为原先不颠倒的情形是由于长久习性所致。换句话说,我们有能力把映入眼

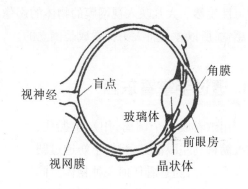

图233 人的眼

中的颠倒影像恢复成原来的正常情形,也可说是我们能活用我们眼睛的习性使然。

至于实际情形,不妨通过实验加以确认。让你视网膜上映现非实物倒立的影像而获得原本自然且正常的影像时,我们应该采取什么姿势呢?既然我们具有使任何映现影像倒立的习性,那么,在网膜上所映现的影像自然也是倒立的。实际上,如果映现在网膜上的影像是正立的而非倒立的时,我们便会觉得这东西是颠倒的。下列的实验可清楚地说明这种情形。

在明信片大小的纸上用大头针开一个小洞,再把纸放到距离我们的

右眼约 10 厘米处的地方，面对明亮的窗户或灯泡。接着，用另一只手拿着大头针，使针在靠近自己的一侧。这时，你会觉得大头针好像在小洞的另一侧。此外，值得关注的是，大头针的影像会颠倒，如果你把针稍微向右移动，你的眼睛就会觉得大头针向左移动。

原因是针映入我们视网膜的影像并未颠倒，而是以照相的姿态映现罢了。纸上所开的小孔将针的像投射进来，可以说具有一种光源的作用（光线会透过小孔而照射大头针），因此，大头针的影像自会进入瞳孔，但由于针太靠近我们的瞳孔，所以影像不会颠倒。同时，在视网膜上会映现明亮的圆形，而这圆形也就是纸片上小孔的影像。至于圆中的黑影像，便是大头针的真实轮廓。

就我们的感觉而言，会认为大头针好像在纸张的另一侧（我们会看见大头针在小孔中）。这时，我们会看到倒立的大头针，原因是人类长久的习性使然。大凡映入视网膜的物体的影像，我们一律都以颠倒的状况来感觉，所以才会将大头针看成是倒立的。

14. 透过手掌看东西

用纸卷成一个圆筒，用左手握住，把纸筒移到左眼前方，我们不妨透过圆筒来看远方，随意看任何一种物体。同时，用你的右手掌以几乎碰到圆筒的程度放在右眼的前方。注意，双手必须距离眼睛 15～20 厘米。这样一来，你就会感觉到自己的右眼似乎也能透过手掌的圆形小孔看见远方的物体。（图234）

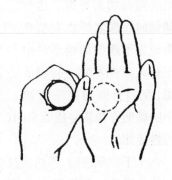

图 234

产生这种意外现象的原因如下：你的左眼为了要透过圆筒看远方的物体，左眼的晶状体就必须加以调整（也就是调整眼睛的焦点）才可能看清楚远方的物体。由于左右两眼经常会互相配合，做同样的焦点调整，因此，在实验时，右眼同样为了看清远方的物体而调整焦点，反而看不见眼前的手掌。简言之，左眼能很清楚地看见远方的物体,而右眼却只能看见蒙眬的手掌。如果就整体而言,你会觉得自己的眼睛能穿透手掌而看见远方的物体。

15. 登高能望远吗

当我们站在平原上时,所能看见的地面肯定有个限度。这个视野的极限便叫作"地平线"(水面则称为水平线),但是在地平线上的树木、房屋或其他高耸的物体,却无法完全都看得清楚,顶多只能看见最顶端的部分。至于物体底下的部分,会因为地面呈曲面的缘故,往往被遮蔽而看不见。无论是完全平坦的物体、地面,还是像镜子一般光滑的海洋,实际上都有些弯曲,因为地球是圆的。

如果有一个普通身高的人站在平原上,能看见多远的地面呢?通常,这个人能看到 5 千米远的地面。如果想看更远的地方,就必须站在更高的位置。平原上的骑兵能看见 6 千米远的地面。其次,在海洋上,站在 20 米高处的船员,能看到 16 千米远的海洋。假使站在距海面 60 米高的灯塔上,那么就可看清楚 30 千米远的海洋。

无论在陆地上或海洋上,能看得最远的人应该是飞机中的飞行员。飞机的高度若为 1000 米,而且是在没有云雾遮挡的情况下,那么飞行员的视野可增大到 120 千米的地方。假如飞机飞到 2000 米的高空,且飞行员使用的是精确度很高的望远镜,那么就可看见 160 千米远的地方。

假如飞机和地面的距离高达 1 万米,那么应该能看见 380 千米远的地方。

利用同温层气球"欧索维亚芬 1 号"爬升到 22000 米高空的气球飞行员,则能看见 560 千米远的地方。

二十、光 与 色

1. 水蒸气的颜色

你见过水蒸气吗？那么我要问你，水蒸气是什么颜色？

关于这个问题的正确回答，应该是无色或完全透明。就如同我们无法看见空气一样，当然我们也不可能看见水蒸气。在日常生活中，我们所说的水蒸气，就是指有点白色的雾气，其实它们是极微小又细密的水滴，严格说来，不是水蒸气。

2. 红色的信号灯

在十字路口为什么用红色灯当停止的信号灯呢？

红光和波长较长的辐射线相同，不像其他颜色的光线，容易受到空气中浮动的微粒子扰乱，因此红光比其他各种颜色的光线更容易透过空气传至远方。

这种能从远方看见停止信号的情形对交通来说极为重要，因为驾驶员为了使火车能安全地停止，必须在很远的地方就开始刹车。

对于行星（尤其是火星）的传真摄影，天文学家总是用红外线滤光器，理由是这种光线的波长较长，能顺利透过大气层。普通摄影所看不见的细微部分，如果透过只有红外线能透过的镜头来摄影，便可看得清清楚楚。红外线摄影机能摄到行星表面的状况，但普通的摄影机只能摄得行星表面的气体。

停止信号灯之所以选择红色，另外还有一项理由，就是我们的眼睛对红色比较敏感,敏感度甚至超过蓝色或绿色。

3. 透视彩色玻璃

我们用绿色玻璃来观察红色的花,红色的花会变成什么颜色呢?其次,透过绿色玻璃来看蓝色的花,蓝花又将变成什么颜色呢?

绿色玻璃只让绿色光线通过,其他颜色的光线则被完全挡住,而红色花只能反射红色光线,其他光线则几乎不可能被反射,因此,透过绿色玻璃来看红花时,我们将看不见任何颜色的光线,看到的只是一朵黑花。

这样解释,相信读者一定能理解,那么,透过绿色玻璃来看蓝色的花时,看到的肯定也是黑花。

俄国的皮尔托勒斯基是物理学家、画家,同时也是感觉敏锐的自然观察家。他曾在著作《夏日远足中的物理学》中,关于这方面,提出许多有趣的建议,例如——

……透过红色玻璃来看花时,红色的花如天竺葵就会变成雪白的花,也就是说,你看到的已不是红花,而是白花。同时,绿色的叶子会变得很有金属光泽,黑得发亮。蓝花则以黑色的叶子为背影,花也是黑得几乎看不见。此外,蔷薇或紫丁香等黄色的花,看起来则有些蒙眬。

如果透过绿色玻璃来看,绿色的叶子会显得格外明亮,绿叶上的白色被明显地烘托出来。黄色和浅蓝色则似乎有些苍白,红花变成黑色,紫丁香变成混浊的灰色。像蔷薇那种淡红色的花瓣看起来则比绿色的叶子更黑更暗。

最后,透过蓝色玻璃来观察。红花仍旧被看成黑花,白花变成明亮的蓝花,黄花变成浅黑色的花。此外,浅蓝和蓝色的花被看成与白花相同的白色。

通过以上的种种现象,我们可以了解:红花比其他颜色的花能反射更多的红色光线,黄色花则能反射同量的红色和绿色光线以及少许的蓝色光线。此外,蔷薇色和深紫色的花则能反射许多红色和蓝色的光线,所反射的绿色光线却很少。

4. 雪为什么是白色

雪是由极小的冰结晶集合而成,它为什么是白色的呢?

雪之所以被看成白色,理由和破碎的玻璃及细碎透明的物体被看成白色的相同。我们只要把冰块打碎,或用小刀把冰块削切成碎冰,便会看到白色细小的粉末。所以会呈白色的理由就是,当光线入射到细小而透明的碎冰后,不会透过碎冰,而是在碎冰和空气的接触面上向内部反射(称为完全的内部反射),同时还由于入射到碎冰表面的光线毫无秩序地向各方散射。因此,在我们的眼中所能看见的只有白色。

由此可知,雪之所以是白色,就是因为上述的理由,但是,如果在每一个雪的结晶间有水分,雪便会丧失原有的白色而变成透明的无色。像这种实验做起来十分简单。我们只要将雪放进杯子里,再倒入一些水,便可发现雪已不再是白色,而变成无色透明的状态。

5. 黑天鹅和白雪

白天里的黑色天鹅绒和月夜里洁白的雪,究竟哪个显得较为明亮呢?

可能你会觉得,没有任何一种东西会比黑暗中的天鹅绒更黑,同样,也没有任何东西会比白色中的白雪更白。自古以来,人类对黑白、明暗的常识判断,如果用物理学的测定装置,也就是用光度计来测定,则会获得完全不同的结论。例如:阳光照射的举世公认的最黑的天鹅绒却比月光下洁白的白雪更为明亮。

理由是,黑色物体的表面虽然看起来很黑,但黑色物体并未完全吸收可见光线。大家都知道,最黑的颜料碳笔黑(carbon black)或白金黑(platinum black),顶多也只能把入射光线的 1%~2% 反射出去。

我们不妨来讨论 1% 这个数字。假定雪能将入射光线 100% 地反射出去①,太阳光照射的明亮度是月亮明亮度的 40 万倍,那么,黑色天鹅绒

---

① 刚下的雪能将入射光线的 80% 反射出去。

所反射的太阳光的1%当然比白雪反射的100%的月光更强,而且还强达1000倍。换言之,阳光下的黑色天鹅绒要比月光下的白雪明亮好几倍。

现在所叙述的情形并不只限于白雪,对于上好的白色颜料(尤其是最明亮的白色颜料——氧化锌,能将所入射光线的91%反射出去)也一样。无论是哪一种表面——只要表面没有被灼热——就无法反射比入射光线更多的光线。此外,月亮只能反射太阳四十万分之一的光线,所以在月光下,当然不可能出现比白昼中黑色颜料更明亮的白色颜料了。

6. 皮鞋擦过后的光泽

刚擦过的皮鞋为什么显得很有光泽呢?

首先,你必须看看刚擦拭过的皮鞋表面和缺乏光泽的表面到底有什么区别。在一般人的眼中,擦过的皮鞋表面十分光滑,缺乏光泽的鞋面则显得十分粗糙。实际上,这种想法并不正确。

如果我们用显微镜观察皮鞋的表面,就如同用显微镜观察刮胡刀的刀口一般,表面会呈现凹凸不平的状态。如果有一个比正常人缩小了一

图235　在擦得很光滑的表面,如果有一位极微小的人,
则可看到如图所示这种凹凸不平的起伏

千万分之一的小矮人站在皮鞋的表面,放眼望去,他会看见上面凹凹凸凸像丘陵似的,无论他从哪一个角度观察,表面都有类似伤口般的痕迹——不管皮鞋是刚刚擦过还是毫无光泽。然而,鞋面有光泽与否,和凹凸的大小很有关系。

假如这种凹凸的大小比光的波长更小,那么这种光线就能以与入射角度相同的反射角度进行正常的反射,也就是正反射。正反射的表面会发出光泽,感觉上如同镜子一样,我们称之为光泽面。但是,如果凹凸的大小比入射光线的波长大,那么光会在凹凸不平的表面进行不规则的反射。像这种散乱的光线,当然不可能造成如同镜子一般平滑的影像。这种缺乏光泽的表面,我们则称之为无光泽面。

因此,对某种光线而言,物体表面可能成为光泽面,但对另一光线而言,却可能成为无光泽面。波长为 1/2 微米(0.0005mm)的可见光线[①]入射到凹凸大小在 1/2 微米以下的不平的表面时,不平的表面便成为光泽面。对波长更长的红外线来说,这种表面也许还能成为光泽面。但对波长更短的紫外线而言,这种表面则成为无光泽面。

刚擦过的玻璃为什么会有光泽呢?将鞋油涂在皮鞋表面时,表面的凹凸大小比可见光线的波长更大,所以鞋面缺乏光泽。但是,由于在皮革粗糙的表面上涂抹了一层薄薄的鞋油,这种物质经过擦拭后,能使皮革面的凹凸变得平滑,也可让皮革上的细毛躺下去。因此,涂抹鞋油后,再用鞋刷刷表面,皮革上凸出的多余鞋油就会被刷掉,同时,皮革表面的凹陷部分则会被填满,这样一来,皮革表面的凹凸大小就变得比可见光线的波长小,因此,皮革表面才会变成"光泽面"。

7. 暗室

如果你的住所或朋友的住宅有能够射入阳光的房间,你就可以将房间改为暗室,当作一种物理实验用的器材。应该怎样进行呢?首先把窗户都关起来,再贴上黑纸挡住光线,并在纸上开一个小孔。然后在小孔前面适当的地方挂一大张白纸或白布,当作银幕。在银幕上,我们可以

---

① 所谓可见光线就是指我们眼睛可以感觉到的光线,即波长为 0.77~0.39 微米的光线。

看见自小孔进入的各种缩小的影像。无论房子、树木、动物、人物等，均以天然的色泽显现出来，但显现的影像全是倒立的——也就是房子的屋顶在下面，人物的头也在下面。（图236）

图 236

这个实验能证明什么呢？至少让我们明白光线不仅是直线行进，而且还会持续行进。物体上侧反射的光和下侧反射的光通过小孔时，会在小孔处交叉，于是来自上侧的光会到达下方，而来自下侧的光则向上方行进。如果光并不是直线行进，而是弯曲行进，那么可能产生另一种结果。

令人惊讶的是，小孔的形状和我们眼见的影像彼此毫不相干。无论你开的小孔是圆形、方形、三角形还是六角形，在银幕上看见的影像都完全相同。不知读者是否曾经留心过，在枝叶茂密的树荫下，常会出现许多椭圆形的光斑，这些椭圆形的光斑便是太阳的像。阳光会透过叶子的空隙，形成椭圆的影像。影像之所以会成椭圆形，是光线斜射入的结果。日食时，月球逐渐与太阳相互重叠，致使太阳渐成明亮的镰刀形，这时，树荫下的椭圆影像就随之变成小的镰刀形。

摄影家所使用的暗箱装置也和这种暗室相同，不过为了使影像更加鲜明，他们还会在暗箱的小洞口装上对物透镜。这种暗箱，后壁上装有毛玻璃，而毛玻璃能使影像显现——影像的头会朝下。为使观察者不致遭受不必要光线的干扰，可用一块黑布盖住自己与暗箱，这样即可看见显现出来的影像。

你不妨自己动手来制造这种照相机。准备一个细长的密闭的箱子，在一方的壁上开一个小洞,在与小洞正对面的壁上装上一块毛玻璃,有时也可用纸代替毛玻璃,例如厚一点的图画纸。把箱子搬入刚才的暗室,并将箱子的小洞对准暗室窗户上的小孔,使两者紧密地重叠。这时,你就会看见画图纸上映现出窗外的景色,而且影像十分鲜明——仍是倒立的影像。

如果你掌握了使用暗箱的秘诀,你不但不必到黑暗的暗室,而且可将暗箱带到任何地方使用。但是,你必须记得准备一块黑布,当你在观察时,便用这块黑布把你的头和暗箱都盖起来,才不致受到多余光线的干扰。

8. 亮度的测定

蜡烛和我们有相当一段距离,如果把距离增加到原来的 2 倍,亮度应该会减弱吧! 究竟会减少多少? 会不会减少到原来的 1/2 呢?

如果距离增加 2 倍,且把原有的一支蜡烛增加到两支,亮度是否会与以前相同? 结果并非如此,距离增加 2 倍后,蜡烛增加 2 倍还不够,必须增加到 4 倍,也就是四支蜡烛,亮度才可能相同。同样的道理,距离增加 3 倍,蜡烛并不是增加到三支,而应该增加到 3 的 3 倍,也就是九支蜡烛。由此可知,在距离 2 倍的地方,亮度就减少为 1/4,距离 3 倍则为 1/9,距离 4 倍则为 1/16(4×4),距离 5 倍则为 1/25(5×5)……这种比率便是距离和亮度的关系法则①。在此顺便提一提,声音减少的法则也和亮度减少的法则相同。换言之,距离增加 6 倍,声音并非减少到 1/6,而是减少到 1/36。②

---

① 光源相同,光源所照射的表面亮度与物体和光源距离的平方成反比。

② 在电影院里,经常由于邻座的人讲话而听不清楚演员的台词,理由和光完全相同。如果你到舞台的距离刚好是你与邻座间隔的 10 倍而邻座讲话的声音强度恰与舞台演员的声音强度相同,那么你所听见的演员声音就只有邻座讲话声音的 1%,因此,你会觉得演员的声音比邻座的声音小得多。同理,当老师在教室里讲课时,学生们应该保持安静,不要讲话。因为对坐在远处的学生而言,老师的声音本来就比较小,这时,如果坐在他附近的同学说话,即使声音很小,也会把老师的声音盖过。

　　了解这个法则之后,我们不妨来比较两个灯(一般而言,是使用亮度不同的两个光源)的明亮度。你想知道一盏灯的亮度究竟是一支蜡烛的几倍吗? 也就是说,当你想获得相同的亮度时,应该用几支蜡烛来代替一盏灯呢?

图 237

　　将蜡烛点燃,和灯一起排列在桌子的一端,在桌子的另一端竖立白色厚纸板。(如图 237 所示,可用两本书来夹住白色的厚纸板)接着,在厚纸板前面放置一支细棒,例如铅笔。你会看见细棒的影子映现在纸面上,而且会产生两个影子,一个影子来自灯光,一个影子来自烛光。当然,两个影子的黑度不尽相同,因为一个是来自亮度较高的灯,而一个是来自较暗淡的蜡烛。将蜡烛逐渐移向厚纸板,当蜡烛移到某一个位置时,你会发现两个影子的黑度相同,这就表示灯光的亮度和烛光的亮度相同。

　　这时,你会看到灯离厚纸板比蜡烛远。然后,你就可以测量厚纸板到灯,以及厚纸板到蜡烛的距离。距离测量出来,就可计算出灯光的亮度是烛光的几倍。如果灯到厚纸板的距离是蜡烛到厚纸板距离的 3 倍,那么灯光的亮度就为 3×3＝9,即灯的亮度是蜡烛亮度的 9 倍。

二十一、利用报纸

1. "用头脑看"的意义

"好了,我决定了。"我的哥哥用手拍拍暖炉温暖的瓷砖,告诉我说,"我已经决定了,到晚上,我和你一起来做电实验。"

"实验? 要做什么新实验?"我赶紧追问,"什么时候? 是不是现在立即开始? 我觉得现在立即开始比较好。"

"忍耐一下,无论做什么事情都要有耐性。何况这实验还是到晚上做比较好。现在不行,我还有点事得做。"

"是不是要去拿机器? 到底要拿什么机器呢?"

"我要去拿电机器①。实验需要机器。我们所需要的机器已经做好了,现在放在书包里。但拜托你,我不在时,千万别乱摸。"哥哥好像很了解我似的,他又接着说,"你什么都不会找到,不看还好,反正你也看不懂。"哥哥一面穿上大衣,口中一面嘀咕着。

"机器在附近吗?"

"是啊! 你不必担心。"

哥哥终于出去了。临走前,他把放有机器的书包随手丢在一张小桌子上。

电机器竟放在书包里,这一点让我觉得很奇怪。我自己认为,电机器既不是小东西,也不是扁平的,怎么可能放在书包里。等哥哥走后,因

---

① 指做实验用的器材,像后面实验中的报纸等。此外,后面出现的电实验就是指有关电的实验。

为好奇心作祟,我忍不住跑过去看书包。很奇怪,书包并没有锁住,所以我也很小心,尽量不动手而窥视里面……我看见里面有个东西,用报纸随便包着。是不是小箱子呢?看起来倒像是一本书。此外,还有几本书——看情形,书包中除了书以外,并没有其他东西。哥哥是不是在开我的玩笑?奇怪,我怎么连这一点都没想到——换句话说,电机器根本就不是能放在书包里的东西。

没多久,哥哥回来了,但他的手中并没有拿什么东西,哥哥看到我沮丧的样子,立即明白了,所以马上追问原因。

"看样子,你并没有打开我的书包。"哥哥真是未卜先知。

"机器到底放在哪里?"我不回答,反而先问,"我只看见书本。"

"不,不只书本,还有机器,你有没有仔细看?用什么来看的?"

"用什么看?你问得真奇怪,当然是用眼睛。"

"问题就出在这里……你只有用眼睛看吗?你应该用你的头脑来看才对。光用眼睛是不够的……也就是说,对你眼睛所看到的东西,还要有了解的必要,这就是我所谓'用头脑看'的意思。"

"应该怎样用头脑来看东西呢?"

"如果你真想了解,我就来解释,让你明白用眼睛看和用头脑看的差别。"

哥哥说着从口袋中拿出铅笔,画了如图238(1)所示的图形。

"这个图形中的双线表示铁路,单线表示马路。你不妨先仔细看,然后再告诉我,究竟哪一条铁路比较长……从 A 点到 B 点的较长还是从 A 点到 C 点的较长?"

"当然是从 A 点到 C 点的这条铁路比较长。"

"这就是你用眼睛看的结果,现在,你应该用你的头脑来看整个图形,然后再重新回答。"

"应该怎样用头脑来看呢?我不会啊!"

"所谓用你的头脑来看这个图形,就是从 A 点向下面的线 BC(马路)做一条垂线,然后你再想想看。"哥哥说着就在图形上画了一条虚线[如图238(2)]。"这条虚线把马路分割成怎样的情形呢?"

"平分马路。"

"对,平分。换句话说,虚线上的任意一点到 B 点和 C 点的距离应该

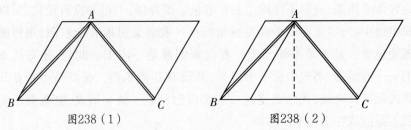

图238（1）　　　　　图238（2）

完全相等。这样一来,你认为 A 点应该是什么情形呢? A 点究竟是靠近哪里……是 B 点还是 C 点呢? 你说说看吧!"

"现在我已经知道从 A 点到 B 点和到 C 点的距离完全相等,我刚才却觉得右侧铁路比左侧铁路长。"

"刚才你只用你的眼睛看,现在你是用你的头脑看。你应该明白用眼睛看和用头脑看有什么差别了吧!"

"知道了,但你所说的机器又在哪里?"

"什么机器? 哦! 你所说的是电机器吗? 我不是说过在书包里吗?"

哥哥从书包里拿出一个东西,外表看起来好像包了一本书。只见哥哥小心谨慎地打开来,然后展开包裹东西的那张大报纸,并交给我。

"这就是我们的电机器。"

我忍不住想笑出来,却又半信半疑地仔细端详这张报纸,但又看不出这张报纸有什么特别之处。

"你是说用这个来做实验吗? 这真的就是做物理实验用的工具吗?"

"是啊! 没错。你用手拿拿看,是不是觉得这张报纸很轻呢! 也许你以为,只要用一只手指头,就可以轻松地把报纸拿起来。其实,虽然是同样的一张报纸,有时却会变得异常沉重。等一下你便会明白我的意思。你把那支用来画线的直尺递给我。"

"我的尺坏了,有点凹凸不平,不能画线。"

"这样更好……即使你的尺断掉一半也没事。"

哥哥把我的尺放在桌子上,让尺的一部分露出桌外。

"你用手去摸一摸露出桌子外的这一端。只要你稍微碰一下,尺就会倾斜,对不对? 但是,当我们用报纸盖住桌子上另一部分的尺时,你再用手摸一摸看,看尺会不会很容易倾斜。"

于是哥哥把报纸放在桌子上,用手抹着报纸,把报纸上的皱纹统统抚平,然后才将无皱的报纸盖在尺在桌子上的部分。

"现在,你去拿一根木棒,用力打击尺露出桌外的部分。别客气,用力打打看。"

"尺会把报纸顶起来,然后飞到天花板上去。"我一面挥动木棒,一面大声叫着。

"要点是你必须用力,不可以慢慢地、轻轻地打。"

我依照哥哥的话,使劲地一棒打下去,结果出乎我的意料。我听到一声断裂的声音,只见尺已经断掉,而报纸却没有动,依然盖着桌上残余的尺。

"你看,报纸比你想象中的更沉重吧!"哥哥好像很高兴,得意扬扬地盯着我的脸说。

我觉得很茫然,睁大眼睛看着尺上的这张报纸。

"这就是实验吗? 就是电实验吗?"

"实验并不只限于电实验。等一下我们再来做电实验。目前,我只是想使你了解一点,也就是报纸可以做物理实验用的器材。"

"但是,报纸为何能压住尺呢? 你看,我现在要把报纸拿起来就十分简单。"

"这里有我们做实验的意义所在。报纸上有空气的压力,就靠着这一点空气的力量,尺才会折断。换句话说,空气对每 1 平方厘米面积的

图 239

报纸以 10 牛的力量来压制,因此,当你打击直尺露出桌外的部分时,直尺在桌上的部分就会对报纸由下往上施加压力,报纸应该会被抬高一点才对。如果你的打击动作缓慢,报纸才被抬高一点点,空气就会自报纸下侧溜进去,而这些溜进去的空气的压力会与报纸上的空气的压力达成平衡,但是,由于你的打击像闪电一般迅速,空气几乎没有时间从报纸下侧溜进去,所以,当报纸的中央部分被抬高时,报纸的边缘部分就会紧贴着桌子,这时,你抬高的不只是一张报纸,还得加上报纸上的空气的压力。

换言之,除了报纸以外,你还必须顾及空气施加于报纸上的压力。如果报纸盖住直尺部分的面积为 16 平方厘米——相当于边长 4 厘米的正方形——这时,空气对报纸的压力达 160 牛,而空气对整张报纸所作用的压力更大——高达 500 牛。试想,小小的直尺怎么能够施出这么大的力呢?——所以直尺才会被打断。现在,你已经能使用报纸来做这种实验,有信心吗?……等一下天黑时,我们再开始做电实验。"

2. 指尖冒火、听话的棒子、山中的电

哥哥一只手拿着刷西装用的刷子,一只手拿着报纸。他将报纸放在暖炉的炉壁上,用刷子来回刷,好像要把报纸刷平一般不停地刷。

"你好好看吧!"哥哥说着就把双手从报纸上拿开。

我本来以为哥哥的手一放开,报纸就会滑落到地上,但奇怪的是,报纸仍旧紧贴着暖炉壁,并没有掉下来。报纸就好像用糨糊贴在暖炉壁平滑的瓷砖上一样,连动都不动一下。

"为什么报纸紧贴着不滑落呢?"我提出我的疑问,"你是不是动过手脚,报纸上有没有抹糨糊?"

"不,你要知道,这张报纸是靠电的力量来黏贴的。由于这张报纸现在带电,所以才会被暖炉壁吸引住。"

"你怎么不早点告诉我,放在书包里的这张报纸带电。"

"这张报纸放在书包里的时候并没有带电,是刚才我在你的面前让这张报纸带电的……你不是看见我用刷子刷吗?我就是利用这种摩擦而使报纸带电的。"

图 240

"那么,我们已经开始做电实验了,对不对?"

"对呀,现在我们正要进行这种电实验,请你把电灯关掉好不好?"

于是我把电灯关掉,房间内一片黑暗,只能看见哥哥黑黑的身影,以及暖炉白色的炉壁。

"你现在注意看我的手。"哥哥从暖炉壁上取下报纸,用一只手拿着,另一只手移向远处,然后逐渐接近报纸。

这时,我几乎不敢相信自己的眼睛,哥哥的指尖居然发出了火花——又长又蓝的火花。

"这些火花属于电火花,怎么样,你想试试看吗?"

一听见哥哥的话,我连忙把双手藏到背后,因为我觉得十分害怕。

哥哥再次把报纸放在暖炉壁上,用刷子来摩擦报纸,哥哥的指尖又发出又长又亮的火花。这时我才发现哥哥的手指并没有碰到报纸,和报纸始终保持着大约 10 厘米的距离。

"喂!你别害怕,放开胆子试试。放心,你的手不会被烧掉,来吧!把手伸过来。"哥哥说着就抓着我的手,使劲地拉向暖炉那一边,"喂!张开手指,像这样。"

我按照哥哥的指示去做,终于,我的每一只手指也能发出苍白的火花。在火花微弱的光芒下，我看见哥哥只取下报纸的上半部，而报纸的下半部好像用糨糊贴着一般，依旧贴在上面。就在我的手指进出火花的一刹那，我觉得好像被小针刺到一般，但还不至于感到疼痛。实际参与实验后，我才体会到根本没有丝毫值得害怕的理由。

"再来一次。"这次是我主动提出的。

哥哥笑着又把报纸贴回暖炉壁，又照样开始摩擦——这次是用双手的手掌。

"搞什么鬼？难道你忘掉了刷子？"

"什么，一样的，赶快准备。"

"什么都不要，用不着刷子，现在用的是没有长毛的手掌来摩擦。"

"只要双手干燥，不用刷子，一样可以摩擦。"

事实证明哥哥没错，火花依旧从我的指尖冒出来。

我终于玩累了这种把戏，并且看了好几次的火花。这时，哥哥又向我说明。

"实验做到这种程度也差不多了。现在，要让你看看电流动的情形——这是哥伦布和麦哲伦在自己船桅顶端所看见的，我要让你看相同的东西……你替我把剪刀拿来吧。"

在黑暗的房间里，哥哥放开剪刀的一端，靠近暖炉上余下一半报纸的方向。我暗自揣测，一定又是冒出火花，但是当剪刀前端离报纸还有一段距离时，我却看见了另一种现象：在报纸和剪刀的间隔中，我看到红

图241

色和蓝色光辉的短丝束,同时还听到细微的咻咻声。(见图241)

"像这种电火花常常出现在轮船或帆船的船桅顶端,相信航海途中,船员们都有过这种经验。当然,出现在船桅顶端的火花比我们现在所看见的更大。通常,船员们把这种火花叫作圣艾默火(St. Elmo´s fire)。"(见图242)

"但是这种火又是从哪里到达船桅的呢?"

"你自己想想看,就算你千恩万谢,船员会把带有电的报纸拿到船桅顶端去吗?更何况航海者又怎么可能携带报纸呢!……然而,飘浮在低空带电的云就相当于我们实验中的报纸。话虽如此,但这种发生在物体尖端的电火花并非只发生在海洋上,在陆地上也能看见这种情形……尤其是在山中。以前,恺撒大帝就曾看过这种火花。有一天,刚好是阴

图242　出现在帆船杆顶的圣艾默之火

天,也是在夜里,恺撒看见士兵们的刀尖都冒出这种火花,恺撒便将这情形记录下来。对于这种电火花,船员和士兵们并不感到恐惧——相反,他们都认为火花是吉祥的预兆。当然,这是古代的一种迷信,并没有任何足以证明的理论根据。在山中,这种电火光在人的头发、帽子、耳朵或身体其他各部分,都可能出现。这时,我们就会听见刚才实验所产生的咻咻声。"

"这种火花强不强烈,会不会燃烧?"

"不,完全不可能燃烧。你应该知道,这种火花和普通的火不一样,

即使发光,也只是冷光,并没有丝毫热量,连火柴棒碰到这种火花都不会着火。换句话说,这是不会造成任何灾害的火花……现在,我用火柴棒来实验,你自己看吧!看见了吧!火柴头被电火花所包围,但是火柴头却没有燃烧。"

"但是,我还是觉得火柴棒在燃烧,因为我看见火柴头有火焰一般的东西喷出来。"

我说着便从哥哥手里接过火柴棒,仔细端详。结果发现火柴头并没有燃烧的痕迹,而且仍旧是冷冷的,毫无热度。换句话说,刚才我看见的并不是自燃火,而是像哥哥所说的,火柴头被冷光所包围罢了。(见图243)

"下一个实验,我们必须在亮的地方做,把灯打开吧!"

哥哥拖过来一把椅子放在房间中央,且在椅子的靠背上放置了一根拐杖。经过几次调整后,哥哥终于使椅背

图243

和拐杖只有一点的接触,却维持稳定且不掉落。(见图244)

图244

　　"如果你不用手触摸拐杖,你能使拐杖按照你的意思指向任何你喜欢的方向吗?"

　　我开始考虑哥哥的话,心中暗想:"我可以用绳子来做一个小环,然后把小环套在拐杖的一端,再用手拉,拐杖就会指向我这边……"于是我开始动手。

　　"不行,不可以用绳子,不可以用任何东西去碰拐杖……怎样,你有没有办法?"

　　"对了! 我想到了。"

　　说着,我就把头靠向拐杖,想利用嘴巴来吸引拐杖,使拐杖的一端指向我。我很努力地来了个深呼吸,想让拐杖转向我这边,没想到拐杖纹丝不动。

　　"怎么样?"

　　"不行,我没有办法。"

　　"没办法吗? 那得由我来表演啦!"

　　哥哥说着就把紧贴在壁炉瓷砖上的那张报纸扯下来,逐渐靠近拐杖。大约在距离拐杖 50 厘米的位置时,对于带电报纸的引力,这拐杖似乎有所反应,逐渐转向报纸的这一边。这时,哥哥又移动报纸,只见拐杖听话地随着报纸转动。哥哥先让这拐杖转到某一方向,然后又让拐杖逐渐转到相反的方向。就这样,拐杖在椅背上不停地旋转。

　　"看到了吧! 带电的报纸会强烈地吸引拐杖,使拐杖听话地跟着转动,同时报纸上的电会逐渐跑到空气中,但在报纸上的电尚未跑完之前,拐杖必定还会跟着报纸转动。"

　　"遗憾的是,这种实验无法在夏天做……因为夏天用不着暖炉。"我自作聪明地说。

　　"其实,暖炉的功用只是使这张报纸完全干燥。因为只有使用完全干燥的报纸,这种实验才可能做得成功。可能你已经知道,报纸容易吸收空气中的水分,所以常有一点潮湿的感觉,实验的第一步,就是使报纸干燥。要是到了夏天,并不是像你所说的,无法做这种实验,实验还是可以做,只是不像冬天那么方便罢了。因为冬天有暖气,房间内的空气比较干燥——这才是最重要的理由。在夏天,当我们使用瓦斯炉烹调之后,必须得等到瓦斯炉温度降到不会使报纸燃烧的程度,才可以把报纸放在炉子上,使报纸变得干燥。等报纸完全干燥后,再把报纸拿起来,放在桌子上用刷子猛烈摩擦。当然,这样也可以使报纸带电,只是电力不像利用暖炉瓷砖那样强……今天就做到这里,明天再做另一种新的实验。"

"又是做什么电实验吗?"

"是啊!一样是用我们的电机器——报纸。在做实验之前,我来念一段法国著名的自然科学家沙逊书中的记录。这是有关山中圣艾默火的一段故事。1867年,这位著名的科学家和几位朋友攀登一座高3000米以上位于阿尔卑斯山脉中的沙尔雷山,当他们站在这座高山的山顶上时,也曾有过这种体验。"

哥哥说着就从书柜里拿出一本名叫《大气》的书。这本书的作者是斐拉马夫①,哥哥翻了几页后,翻到有关的部分便开始大声念给我听:

……登临山顶的一行人由于肚子饿想吃午饭,就把带有金属钩子的登山拐杖随手搁放在岩石旁边。这时,沙逊突然觉得双肩和背部似乎被小针刺到一般,疼痛难忍。关于此事,沙逊曾有如下的一段话:

"——起初,我以为是自己亚麻布制的外衣夹带着小针刺痛了双肩和背部,所以就毫不在乎地把外套脱下。没想到情形非但不见好转,而且疼痛从这个肩膀扩展到了另一个肩膀,甚至蔓延到整个背部,比起初更为严重。这种疼痛就如同背部有会刺人的蜜蜂在爬行一般,令我觉得很不舒服。

"我心里想,疼痛也许是由外衣引起的,因此我赶紧又脱掉身上的第二件外衣。我仔细检查外衣的内侧,并没有发现任何怪异的东西。奇怪的是,我的疼痛并未因外衣的脱掉而减小,反而有加重的趋势。

"这时,我又觉得自己的毛线衣十分烫人,好像已经开始燃烧一般,灼烧着我的皮肤。就在我下定决心要把衣服全部脱光看个究竟的同时,我听见耳边响起一种嗡嗡的噪音。一会儿,我发现嗡嗡的噪音来自岩石旁我们所放的登山杖。现在想起来,我倒认为很像开

① 斐拉马夫(1842—1925),法国的天文学家,此人相信火星运河与火星人的存在。

水沸腾的声音。

　　"当时,我确曾有一种奇怪的联想,我想必定是来自山中的一种电。由于登山的这一天天气晴朗,在阳光照耀下,我并没有看见登山杖有什么异样。最后,我们用手握登山杖,使登山杖的顶端朝下,登山杖或成水平,或成垂直状。大家都听见登山杖发出相同而奇妙的声音,但这座山的土壤没有发出任何声响。

　　"又过了几分钟,我感觉到自己的胡须和头发好像被某种物体扯动一般。也就是说,我的长胡须好像接触到不沾水的刮胡刀,十分难受。这时,我忽然听见同行中有人在大叫——他嘴边的胡须都被向上拉,而且在两耳的上方有着强劲的电流。我抬高双手,觉得好像有电从自己的手指流出来。看情形,电似乎会从登山杖、衣服、耳朵、头发……以及身体凸出的各部分流出来。

　　"见到这种怪的现象,我们一行人连忙从山顶往下爬,马不停蹄地走了约100米的下坡路。我们发现,当我们距离山顶愈远,登山杖发出的噪音就愈微弱。到最后,我们必须把登山杖拿到耳朵旁边才能听见噪音,四周因此也变得十分宁静。"

这就是沙逊所说的一段话,在同一本书的后面,我还看见另一段有关圣艾默火的记录出现。

　　……天空上飘浮的云朵几乎要触摸到山顶。这时,我们常会看见突出山壁的岩石有放出电的现象。

　　1863年7月10日,以瓦特生为首的几位旅行者想要攀登英格勒山①。当天早晨,天气晴朗,但在他们即将攀登到山顶时,这些旅行者遇到了轻度的暴风,接着又听到轰鸣的雷声,意味着天气将转坏。不久,瓦特生听到登山杖发出咻咻的声音,就好像开水沸腾时产生的声音。

　　这一队旅行者不由得停下脚步,希望看个究竟,查明这种声音究竟是来自登山杖,还是来自其他地方,结果发现声音确实是从登山杖发出来的。因此,他们把登山杖的一端插入土中,但声音并未停止。这时,有一位登山向导满不在乎地脱下帽子,只听见他大叫:

―――――――――――

①　英格勒山是阿尔卑斯山脉中部的一座山,海拔4166米。

我的头发开始燃烧了。大家一看，发现他的头发好像有电流通过一般，全都竖立起来了，而大家也都感觉到自己的脸和身体其他部分有一种痒不可忍、难以形容的感觉。实际上，没戴帽子的瓦特生的头发也一根根地竖立起来。有的人刚动动手指，就听到指尖发出咻咻的声音……

3. 纸丑舞、蛇、竖立的头发

哥哥很守信，第二天黄昏，他如约开始做实验。首先他把报纸贴在暖炉壁上，然后要我去找一张比报纸更厚的纸。他用我找来的纸剪出各种形状很滑稽的小人像。

"这种剪出来的纸小丑等一下会在我们面前跳舞。你再拿几根大头针给我。"

哥哥很快地把大头针插进每个小丑的脚部。

"我之所以给小丑别上大头针，是为了避免小丑跳走，也就是要防止小丑受报纸的影响而跳得太远。"哥哥一面说，一面把纸制的小丑放在茶盘上，"表演开始！"

哥哥把报纸从暖炉壁上拿下来，两手随便保持垂直状态，走向茶盘。

"站起来！"哥哥发出命令。

哇！没想到这些小丑果然听从哥哥的命令站了起来。接着，哥哥又将报纸从小丑旁边拿开，随着报纸的远离，这些小丑也跟着扑倒、躺下。哥哥没让小丑躺得太久，一下子把报纸移近，一下子又把报纸拿开。因此，小丑也随着报纸忽而躺下

图245

去,忽而站起来。(图245)

"如果我不把较重的大头针插在小丑身上,也许这些小丑会跳得更高,甚至可能跳到报纸上来。"哥哥说着就拔掉几个小丑身上的大头针,"你看,这些被拔掉大头针的小丑都已经跳到报纸上面了,而且被紧紧地吸住,这就是电引力。现在,我们来做另外一个电的互相排斥实验。刚才有一把剪刀,你放到哪里去了?"

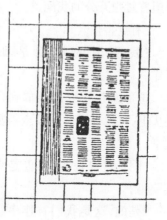

图246

我立刻把剪刀找来。只见哥哥又把报纸贴在暖炉壁上,而在报纸宽的一边,从上端往下剪,共剪了六七刀。在剪的时候要注意,上端保留一小部分不剪。在我预料之中,这些纸带仍旧紧贴在炉壁上,并未滑落。(图246)

哥哥一只手压着纸带,一只手拿着衣刷开始在纸带表面摩擦。接着,把这些纸带从炉壁取下来,卷成圆筒状。这时,我发现纸带不再自然下垂,每一条纸带都互相排斥,变成如同吊钟一般的形状。(图247)

"各条纸带都会互相排斥,因为它们都带着同一种电。"哥哥解释给我听。

"如果碰到完全不带电的物体,纸带就会被吸引过去。你把手伸进吊钟的内侧看看——你就会发现,纸带都被吸到手指上去了。"

我蹲了下来,把手伸进被纸带包围的空间里。我很想把手伸进纸带中但又没有办法,因为纸条都像蛇一样,缠绕着我的手。

图247

"你害不害怕这几条蛇?"哥哥望着紧张万分的我问道。

"有点害怕。"

"我所说的蛇就是那些纸蛇。"

哥哥说着就把报纸拿到自己的头上,只见哥哥的头发全都竖了起来。

"啊!这也是实验,也是真的实验吗?"

"是的,这是我们一连串实验中的一个,只是改用别的方式罢了。由此可知,这张报纸可以让我的头发带电,双方互相吸引,同时,我的每一根头发由于带同一种电,所以彼此排斥……这种情形和刚

图 248

才实验的纸带相同。你只要拿一面镜子,就会看到你的头发和我的头发一样地竖立着。"

"会不会痛?"

"不,一点都不痛。"

实际上,我任何感觉都没有,我只是从镜子里看见在一张报纸下的头发全部都竖了起来。(图 248)

4. 水雷声、水流实验、使劲地一吹

第三天晚上,哥哥准备好干燥的东西,开始做实验。

他带来三个茶杯,放在暖炉上加热后,再放在桌子上。然后他把同样被暖炉加热的茶壶垫摆在三个茶杯的上面。

要做什么呢?——我充满了好奇心。按照常理判断,茶杯应该放在垫子上,现在恰巧颠倒,垫子被放在茶杯上,不知哥哥要做什么实验。

"耐心等一下,别急,我准备做小的闪电实验。"

哥哥着手做电机器的准备工作。我看到哥哥又将报纸放在暖炉壁上开始摩擦。接着，又将报纸对折，继续摩擦。最后，哥哥迅速取下报纸，放到茶杯和垫子上。

"你用手摸摸这个垫子……会不会觉得温度降低了。"

我不假思索，轻易地把手伸向垫子……但在那一刹那，我本能地、迅速地把手缩了回来。因为我听到"啪"的一声，同时我的手指有点疼痛感。

哥哥大笑道："怎么了？莫非闪电击中你了，你大概也听到'啪'的破裂声吧！这就是我的小雷声实验。"

"我感觉好像被电击到一般，但是我并没有看见闪电的亮光。"

"是吧？那么我在黑暗中重新做一次，你就可以看到闪电了。"

"好，不过这一次我才不要把手伸到垫子下面。"我干脆明讲。

"也没有用手的必要，你可以改用钥匙或金属汤匙，使它发出火花。可能你不会有什么感觉，其实这个火花相当长……由我来引出第一道火花吧！恐怕你的眼睛还不能适应黑暗。"

哥哥说着就把电灯关掉。

"啊！现在不要讲话，好好用心看吧！"哥哥的声音从黑暗中传过来。

"啪"的一声。同时，约有火柴棒一半长的明亮的蓝白色火花出现在垫子和钥匙之间。

"看到闪电了吧？有没有听见雷声呢？"哥哥问。

"这两者是同时发生的吗？怎么雷声比雷光迟了一点呢？"

"当然。我们是先看到闪电，然后才听见雷声。其实，两者是同时发生的。在我们的实验中，小雷声和火花都是同时出现的。"

"但是，为什么雷声总是迟到呢？"

哥哥把钥匙交给我，并且把报纸拿掉——这时，我的眼睛已逐渐习惯黑暗，并且能看见东西了——我也很想做用垫子引出闪电的实验。

"没有报纸，也能产生火花吗？"

"当然，你试试看。"

但是，我总无法顺利地将钥匙拿到垫子附近，使之冒出亮而长的火花。

哥哥再度把报纸放在垫子上，我也再一次进行制造火花的实验，但是火花显得很微弱。因此,哥哥好几次把报纸放在垫子上(并没有把报纸拿回暖炉壁上),我连续做了几次,但火花一次比一次微弱。(图249)

图 249

"如果我不只利用报纸,而在与绢丝或缎带有点距离的地方拿着报纸,也许这种火花会维持得更久一点。将来你接触到物理学时,相信你自会明白各种实验中的道理。现在,你且不用头脑,仅用眼睛来看我的实验就行了。"

"在做实验时……用得着水,我们改在有水龙头的厨房来做。这张报纸暂时放在暖炉旁边。"

哥哥微微打开水龙头,让自来水的细流一点点地流出来。流出的水滴在水槽底,发出小小的声响。

"现在,我让水流变斜,当然,我不会用手去摸水流……你要让从水龙头流出来的水流向何方? ……向前方? 向左边?"

"向左边。"我随口答道。

"好,你不要用手去碰水龙头,我立刻去拿那张报纸来。"

哥哥为了避免电从报纸上逃逸,所以双手向前伸直,尽量使报纸离开自己的身体。哥哥让报纸靠向水流的左侧,就在这时,我看见水流一下子向左侧弯过去。哥哥又把报纸拿到另一侧,水流跟到了另一侧。哥

哥示范给我看，水流偏斜得十分厉害，几乎要跳出水槽边缘，流到水槽外面来。（图250）

图 250

"现在你应该知道了吧……在这里，你可以看到电引力是多么强烈。顺便告诉你，做这个实验可以不用带电的报纸，用普通合成树脂制成的梳子来进行也能成功，你看……"哥哥说着就从口袋中拿出梳子，用他自己蓬乱的头发来摩擦梳子，"就是这样，先使这把梳子带电。"

"哥哥，你的头发本来就不带电吗?"

"当然，这是普通的头发，就是用你的头发也一样。每个人的头发都不带电，但是如果你用合成树脂摩擦头发后，头发就会带电，就如同你用刷西装的刷子来摩擦报纸，报纸会带电一样，两者道理相同。现在你注意看。"

靠近水流的梳子果然使水流变斜了。

"我用报纸再做最后一个实验给你看，这个实验与电无关。以前我们曾做过断尺的实验，当时，就是利用空气的压力。"

我们一面交谈，一面回到房间里。哥哥粘贴报纸，做成一个细长的纸袋子。

"你先别管袋子，去找几本又厚又重的书来。"

我从书柜中找来三本又厚又重的医学书籍放在桌子上。

"你能不能用你的嘴巴吹气使纸袋子膨胀起来。"哥哥问我。

"当然可以。"我毫不犹豫地回答。

"这是最简单的事，谁都会做……但也不见得。如果用两本厚书压住纸袋呢?"

"啊，用厚书压住纸袋，当然啰! 就是你再怎样努力，袋子也不可能鼓起来。"

哥哥把袋子放在桌子的一端,让一本书压住纸袋,并且在这本书上又竖立起另外一本书。(图251)

图251   图252

"你仔细看,我能使纸袋膨胀起来。"

"你恐怕还会把这本竖立的书吹倒吧?"我笑着问哥哥。

"你看着吧!"哥哥开始让纸袋膨胀起来。

读者们认为结果怎样呢? 在下面的那本书由于受到纸袋鼓起的影响,已经开始倾斜,而竖立在上面的书则倒了下来。根据我的估计,这两本书的重量加起来约有5千克。(见图252)

目睹这种现象,我惊诧万分,在我尚未平静下来时,哥哥又要做一次实验给我看。这一次,他把三本书放在纸袋上,同样地又开始吹气……使劲地一吹,结果三本书都倒了下来。

这个令人惊讶的实验其实毫无惊人之处,因为当我如法炮制,做相同的实验时,也像哥哥一样,成功地使书本翻倒。看起来就如同你具有大象的肺活量或英雄豪杰般强健的肌肉一样,可以毫不费力地达到目的。

等到一切完毕后,哥哥才为我解释。当我们吹纸袋时,纸袋内的空气被压缩的比纸袋外的空气更严重——否则纸袋怎么会膨胀呢! 纸袋外的空气压力,每1平方厘米大概是10牛。我们先估测纸袋被书本所压住的面积,在心里记住这个数值,如果纸袋内的空气压力比外侧的空气压力高了1/10,那么每1平方厘米就高了1牛。这样一来,纸袋被书本压住部分的空气压力就可以简单地计算出来,是100牛。既然高达100牛,那么要将书本翻倒,当然就是轻而易举的事了。

二十二、实验的休息时间

1. 实验的休息时间

或许从前你曾这样想过——我以前也这样想——在这世界上,不必要的东西太多了。其实,这是一个错误的观念。表面上似乎无用的东西,从另一个角度来看,往往又变成很有用的东西。比如说有些工作上不需要的东西,则可以用到娱乐方面。

我在整理房间时,看到一堆旧书信和许多细长的纸条,这些纸条是贴壁纸时剩下的,零零碎碎的,乱七八糟。"看样子,这些废纸只有进垃圾箱的命了,都是废物。"我本来有这种想法。无论谁来看,都会认为这是形同垃圾的废纸。其实,只要巧妙运用,它仍有很大的价值。哥哥就准备告诉我,应该怎样利用废物。

首先,哥哥要我利用这些纸条。

我拿着约有手掌 3 倍长的纸条给哥哥,哥哥说:"你拿着剪刀,把这纸条剪成三部分。"

当我拿起剪刀准备剪时,哥哥又拉住我的手说:"等一下,我的话还没说完,你必须一次就把纸条剪成三部分才可以。"

对我来说,这真是一大难题,所以我只好动脑筋想。哥哥在旁边看着我,好像知道我无法解决这个问题。思索再三,我还是无计可施。

"哥哥,你是不是和我开玩笑。"我疑惑地问,"这种事情怎么可能做到呢!"

"你认真动动脑筋……也许你会找到答案。"

"我已经仔细想过,现在我只知道我无法做这件事。"

"也许你有些地方没弄清楚,还是我来做给你看吧!"

哥哥从我手中接过纸条和剪刀。首先,哥哥将纸条对折,再把纸条从中间剪开,纸条竟然变成了三部分!(图253)

图 253

"现在你应该懂了吧?"

"是啊,不过你怎么可以将纸条对折。"

"你自己为什么不对折呢?"

"可是你没有说可以对折啊!"

"但我也没有说不可以折。有问题,你就应该干脆地提出来。"

"你再考我其他的问题,这一次我一定会好好想。"

"这里多的是纸条。你能不能让这些纸条竖立在桌子上,而不是平躺在桌子上?"

图 254

要让纸条竖立,而不是平躺……这一次我不敢再大意,经过仔细的斟酌,我把纸条对折成"V"形,然后放在桌子上。(如图254)

"你看!我成功了!你并没有告诉我不可以对折,所以我就这样做。"我非常得意地说。

"做得不错。"

"还有其他问题要考我吗?"

"当然,听清楚啊!我用糨糊把纸条的两端粘起来,做成纸环。你用红色和蓝色的铅笔沿着纸环外侧画一个蓝色的大圆圈,沿着纸环内侧画一个红色的大圆圈。"

"然后呢?"

"这样就好了。"

我觉得这简直太无聊了,但我做不好这简单的事。本来,我想用蓝铅笔沿着纸环外侧先画出一道蓝圈,再用红笔画纸环内侧。可能是没留心,我在纸环的两面都用蓝笔画上了圆圈。因此,我自己也觉得很不好意思。

"你能不能另给我一个纸环?"我停一下又说,"因为我一不小心就把刚才的纸环画坏了。"

虽然哥哥另给我了一个纸环,但我依旧做失败了。不知道为什么,我在纸环的两面都画上了相同的颜色。说真的,我自己也搞不清楚是怎么回事。

"不知道为什么,我明明沿着纸环表面画,没想到又失败了。哥哥,再给我一个纸环好不好?"

"好啊,你尽量拿,我不会吝啬的。"

读者们猜想怎样? 结果我又在纸环的两面画出了蓝色,我始终没有使用红笔的机会。这时,我不由双手抱头,开始沉思。

"这么简单的事情难道你都不会做吗?"哥哥面露笑容说道,"像这么简单的事情,我马上就可以做到。"

只见哥哥拿着一个新的纸环,很快地在纸环外侧画上蓝线,在纸环内侧画上红线,然后递给我看。

因此,我再拿了新的纸环,一面开始画线,一面小心翼翼,提高警觉,不让这一条移到另一面去。就这样,将纸环旋转一圈,没想到又失败了。我又在纸环两侧都画上了同色的线条。我几乎要哭出来,用眼睛偷偷瞄哥哥……只见哥哥露出很狡猾的笑容,在这一刹那,我猜想到失败的理由在哪里了。

"哥哥啊! ……你是不是在变魔术?"我正想问,却听见哥哥骄傲地说:"这个纸环有魔力,这是特制的纸环。"

"到底是什么样的纸环呢? 外表看起来和普通的纸环一模一样,难道哥哥装了什么机关吗?"

"用这个特制的纸环来做新实验。你能不能用剪刀将这个纸环剪成两个小纸环。"

"这很简单。"我立刻动手剪纸环,我要剪出两个小纸环给哥哥看。但是,当我剪开时,才发现在我手中的并不是两个小纸环,而是一个细长的大纸环。(图255)

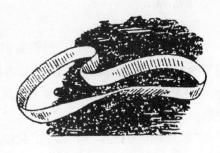

图 255

"咦,你的两个小纸环在哪里呢?"哥哥似乎在嘲笑我。

"你再给我一个纸环,我要再剪一次。"

"不必了,你就用你手中的纸环剪好了。"

我依言再剪,这次我手中终于出现了两个纸环。但是,当我要将纸环分开时,才发现这两个纸环根本无法分开。换句话说,这两个纸环交相重叠,不可能分得开。(如图256)看样子,哥哥并没说错,这个纸环确实有魔力。

图 256

"魔法的秘密很简单,你也可以自己动手做这种特殊的纸环①。实际上,在把纸条的两端用糨糊粘起来以前,就和我现在所做的一样,必须把纸条的一端先扭转一次。"哥哥作了清楚的解说。

"哦,这就是原因吗?"

"你想想看,我自己不就是用铅笔在普通的纸环上画线嘛!如果纸

---

① 这是由德国数学家莫比乌斯(Mobius,1790—1868)所想出来的,所以又叫作莫比乌斯带或莫比乌斯环(Mobius band)。

条的一端不只扭转一次,而是扭转两次,情形会更有趣。"

哥哥在我面前用这种方法做好纸环,然后交给我。

"你沿着圆周剪剪看,看会剪出什么东西?"

当我剪完后,我得到了两个纸环,但其中一个纸环穿过了另一个纸环。令人费解的是,怎么都无法使两个纸环分开,我在好奇心的推动下又做出了三个相同的纸环,结果我得到三对无法分开的纸环。

"如果你想做一条两两相连的四对纸环的链子时,你应该怎么做呢?"哥哥问我。

"这很简单。我只要剪开每对纸环中的一个,使之穿过另一对纸环,再用糨糊粘起来就可以了。"

"照你的意思,至少要剪开三个纸环了。"

"三个? 大概是吧!"我硬着头皮回答。

"如果比三个少,你就做不到吗?"

"在我们的手中有四对纸环。哥哥,难道你只要剪开两个纸环,就可以把四对纸环连接起来吗? 我看这不太可能。"我自信地反驳哥哥。

哥哥不回答我,直接以行动说明。他从我手中拿过剪刀,剪开其中的一对纸环(如图257),分别连接剩余的三对纸环——就这样,由八个纸环组成的链子便诞生了。做法简单得令人难以置信。其实,哥哥一点也不狡猾,只怪我自己太笨,连这样简单的道理都想不通。

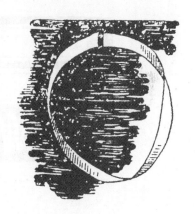

图 257

"啊,利用纸环来做的实验我们已经做得太多了。相信你那边还有许多旧的明信片,我们可以用这些明信片来做其他的实验。例如:在明信片上开一个大洞,这种事你一定可以做到。"

我就用剪刀刺穿明信片,在明信片上开了一个四角形的洞,只留下明信片边缘很细小的部分,做成了一个纸框。

"有没有办法开一个比这个更大的洞。"我虽然这么说,但哥哥又有另一种想法。

"看起来,你的洞还不够大,顶多只能让我们的手穿过去罢了。"

"哥哥,照你的意思,难道你能做出可使整个头都穿过去的大洞?"我提出一个挑战性的建议。

"头部和身体。我希望能做出可使自己身体都穿过去的大洞。"

"哈……要剪出比明信片更大的洞,哥哥,你真的是这样想吗?"

"当然,我是要剪出比明信片大好几倍的洞。"

"在这里没办法变魔术,如果做不到,就干脆说不会……"

"但是如果可以做得到,就干脆明说可以做。"

哥哥说着就动起剪刀。

起初,我以为哥哥在开玩笑,所以用好奇的眼光盯着哥哥。只见哥哥把明信片对折,并在长的两边用铅笔画好线(图 258),而在折边的两端(图中 A 点和 B 点)分别保留一部分,然后从边缘部分(从 A 点到 B 点)开始剪,一直剪到画线的位置,再以相同而狭窄的间隔从两边交互剪下去。

图 258

"剪好了。"哥哥说。

"可是我看不见有任何洞。"

"想看吗?那你就留心看。"

哥哥把明信片拉开,立刻变成一条很长的链子。哥哥把这个纸环从我的头上套下去,可以很容易地到达脚上。纸环看起来弯弯曲曲的,特别有意思。

二十三、冰

1. 瓶中的冰

在冬天,你能不能制出瓶状的冰块呢?可能你会认为,只要屋外的天气寒冷,做起来必定很简单。也就是把瓶子装满水,摆在窗外,让冷风吹一阵子,瓶中的水就会完全变成冰了。

如果你自己做做这种实验,你就会明白,并不像你想象的那样简单。即使瓶状的冰块能产生,瓶子也已不复存在。因为当水结成冰块时,冰块的压力会使瓶子破裂。原因是,水冻结成冰块时,体积也会随之增加(大约增加 1/10),这种膨胀会产生很大的力量。

假使你用瓶塞塞住,这个瓶子不但会破裂,甚至还可能爆裂。即使你不用瓶塞塞住,瓶子仍会破裂。这时的破裂是因为瓶颈下侧的水结冻膨胀后,会产

图 259

生极大的压力,所以细小的瓶颈部分容易破裂。(如图 259)换句话说,瓶颈部分结冻的水,具有类似瓶塞的一般的作用,也就是成为冰制瓶塞。

水冻结后的膨胀力,即使厚度不大,也能够损坏金属。寒冬季节的水甚至能破坏厚度达5厘米的铁制钢瓶。因此,当自来水管内部的水结冻时,也可能造成自来水管的破裂,这是很自然的。

冰在水中不会沉没,而会浮上水面。原因是水结冻时,水会膨胀的缘故。假如水也像其他的液体一样,凝固时体积缩小,那么,在水中形成的冰就不会浮在水面,而会沉入水底。

2. 用冰块点火

儿时,我曾看过哥哥用放大镜(凸透镜)给香烟点火,即使凸透镜朝向阳光,把焦点对准香烟的一端,没多久,香烟就会开始冒烟,然后开始燃烧。

"知道吗?冰块也能给香烟点火。"某一个冬天,哥哥对我说。

"用冰块吗?"我几乎不敢相信。

"实际上,当然不是用冰块,而是利用太阳点火。冰块能代替凸透镜,也有聚集阳光的作用。"

"哥哥,是不是用冰块做成凸透镜的样子?"

"谁都不会用冰块做成凸透镜,但我会做能取火的平凸透镜。"

"可以取火吗?"

"可以。"

"但是这种透镜很冷,温度相当低。"

"没问题,试试看。"

我拿着脸盆进来,哥哥先看看脸盆。

"这个脸盆底部太平,没有用,底部必须是球面形的才可以。"

因此,我又换个脸盆。哥哥盛放清水后,放进冰箱中冰冻。

图 260

"必须使底面也结冻,方可以得到冰冻的透镜。一面是平滑的,一面是凸出的,就如同凸透镜一般。"

"透镜愈大愈好,能将更多的阳光聚集在一点。"

次日早晨,我们把脸盆拿出来看,水果然都结成冰了。(如图260)

"多好的透镜。"哥哥在冰块的表面上用手指头敲打了几下,又说,"把透镜从脸盆中取出来。"

这是个简单的工作。哥哥把整个脸盆浸在另一个有热水的脸盆中,冰块很快就离开盆壁,然后我们把脸盆搬到院子里,将冰透镜拿出来,放在木板上。

"今天天气很好。"哥哥看着太阳说,"是取火的好天气,你替我取一根香烟来。"

我将香烟拿来,看见哥哥用手拿着透镜,在不遮挡阳光的情况下,让冰透镜朝向太阳。为了使经过透镜的阳光集中在一个点上(焦点),并且使这个点对准香烟,哥哥做了多次调整。当那个点碰到我的手时,我感觉到那个点的温度相当高。直到现在,我才认为冰块确实能点燃香烟。

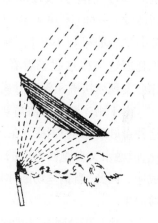

图 261

当那个点对准香烟头后,没过多久,香烟就开始冒烟了。(见图261)

"你看,我们终于用冰块点着火了。"哥哥拿起香烟放在口中抽了一口,又说,"因此,只要有木材,就是在北极,不用火柴也可以取火。"

3. 锯不断的冰

也许你曾听说过,使劲加压,冰块和冰块会连接在一起,因为在冰块上施加压力时,冰块的温度并不会降低,也就是冰块不会冷却,相反,在施加强压时,冰块会融解,而当压力消除后,融解所产生的冷水会立刻结成冰块。温度在0℃以下时,我们若把两个冰块互相压在一起,就会产生如下的情形。承受强压的两块冰在0℃以下时,两冰接触的部分就会产生水,而这些水会跑到冰块没接触的空间里,由于水未曾承受到高压,所以很快就会结冰,两块冰也就结成一体。

你不妨再做如下的实验,确认结果的可信度。选择一块冰,如图262

所示,把水的两端放在两张椅子上。将长 80 厘米、直径 5 毫米以下的细钢丝放在冰块上,钢丝两端各捆绑 10 千克重的物体。由于荷重的压力,钢丝会缓慢地切断冰块……但冰块不会一分为二。如果你不相信,就干脆把这块冰拿起来看看,

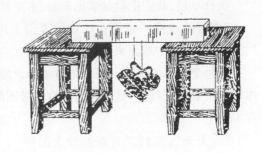

图 262

你会发现冰块确实没有分离,也没有被切断。

由于刚才对冰的溶解现象已有详细的说明,因此,想必你已经知道这种奇妙现象的原因所在。由于受到钢丝强劲的压力,因此冰块会融化,但融水又会跑回钢丝的上面,因为这部分已经没有压力,融水再度结成冰。因此,当钢丝切断冰块跑到下面时,上面部分又重新结冻,再度连接起来。

冰块是做这种实验的唯一的天然物质。同样的道理,雪橇在雪上滑动,溜冰鞋在冰上滑行时,我们在雪橇或溜冰鞋上的体重就会对冰块施加压力,而受压部分的冰雪就会融化(只要天气不算太寒冷),因此,雪橇下面就变得很滑。当你滑到另一个地方时,雪橇下的冰雪依然会融化,即使滑雪者的脚不动,雪橇下的冰雪表面仍旧会变成水,但是,当你溜到别处去时,刚刚才融化的雪水,由于不再承受压力,马上又会冻结成冰。所以无论天气多寒冷,只要你穿上雪橇,雪橇下就会被弄湿,显得很滑。穿雪橇容易滑动的理由便在这里。

冰块加压就会融解成水,当压力解除后,又会恢复为原来的冰,理由是加压时溶点降低。这种现象叫作"复冰现象",也叫作"压力融解说"。

英国剑桥大学教授伯登(1903—1970)反驳这种压力融解说。这位教授认为,冰会融解的主要原因是由于冰和雪橇间摩擦所产生的摩擦热(1939 年)。这种说法叫作"热融解说"或"摩擦融解说"。直到现在,还有反驳这两种说法的其他意见。

二十四、重量和力

1. 吊在滑轮下的行李

假定一个人能抬高重 100 千克的行李。现在,有一个人要抬高更重的行李,如果他利用固定在屋顶的定滑轮,如图 263 所示,能抬起多重的行李呢?

使用定滑轮既无法减少力量,也无法增加力量。当我们拉动挂在滑轮上的绳子时,我们不可能拉得动超过自己体重的行李,因此,体重在 100 千克以下的人,根本无法利用定滑轮抬起 100 千克重的行李。

2. 乘气球

气球自由地浮在空中,一动也不动。气球下面挂着一个篮子,篮子里的人想利用绳梯爬到气球上面。

图 263

这时,气球会向哪一个方向移动——往上还是往下呢?

气球会稍向下移动。因为在这个人沿着绳梯向上爬时,会对绳梯和气球向相反方向加压,就如同一个人在小船的底面走动的情形一样,小船会稍向人走动的相反方向,也就是稍微向后移动。

3. 在冰上爬行

河流或湖泊上结了一层薄冰,有一个人想横穿过去,但又怕冰层薄,危险。富有经验的人就知道,千万不能在薄冰上走动,应该趴在薄冰上,匍匐前进才安全,为什么呢?

当一个人趴下时,体重固然没什么变化,但支撑体重的面积增加了,因而每平方厘米的负荷量就会减少。换句话说,就是支撑体重的地方所承受的压力会减少。

这样解释,对于必须在薄冰上匍匐前进才安全的原因,读者们必定已经理解。简单地说,就是对薄冰减少压力。有时,甚至将大木板放在薄冰上爬行,以求安全地横渡河流。

在冰破裂之前,能支撑多少重量呢? 当然,能支撑多少的重量必须看结冰的厚度。要是厚度有 4 厘米,便可支撑住步行者的体重。如果想在结冰的湖面或河面溜冰时,冰的厚度应该是多少呢? 一般而言,厚度只需 10~12 厘米就可以了。

4. 绳索会在哪里断

如图 264 所示,在打开的门扉上,横放一根木棒,木棒上绑上一条绳子,绳子的中央系一本很重的书,再在书本下端的绳子上系一条尺。如果你用力拉绳子,绳子会在什么地方断掉呢?

在书的上方? 还是在书的下方? 这就要看你是怎么拉的,因为可能在书本上方断掉,也可能在书本下方断掉;如果你谨慎而缓慢地拉,就会在

图 264

书本上方断掉,如果你迅速地一拉,绳子则会在书本的下方断掉。

理由何在？如果你缓慢地拉动，由于这条绳子原本就承受着一本书的重量，现在又加上你手上的力量，而在书本下方的绳子承受的却只有手的力量，因此，绳子就会在书本的上方断掉。（尺和绳子的重量太轻，不必考虑）

如果你拉得很快，情形又不同了。由于动作在一瞬间完成，书本就没有充裕的时间做明显的运动，而书本上方的绳子也尚未伸长，全部的力量都集中在书本下方，所以绳子才会在书本下方断掉。

5. 有缺口的纸片

长约9厘米、宽约2厘米的小纸片可以当作趣味实验的材料。如图265所示，在纸片的两个地方各剪一个缺口，再用手拿着纸片的两端向左右拉，结果会如何呢？你不妨问问你的朋友吧！

"会从有缺口的地方断掉。"有些朋友这么回答。

"可能断成几片呢？"你再追问。

图265

通常答案是三片。这时，你最好让你的朋友自己动手做，事实将证明一切。

你的朋友会亲眼看到，自己的判断并不正确。因为纸片只会分裂为二。

用各种不同大小的这样的纸片做这个实验，你就会知道，纸片的裂开不可能在两个以上。根据著名的谚语："不幸继续产生不幸"，纸片就是在最脆弱的地方断裂了。

有两个缺口的纸片，不管你怎样使缺口的大小相同，但缺口的大小还是不可能完全一样，必定会有一个缺口比另一个缺口深——虽然我们的眼睛看不出来——因为两个缺口的深度不同，较深的缺口就成为纸片最脆弱的部分，所以在最初就会破裂。一旦裂开后，就会裂到底，因为在裂开以后，这部分就会变得更加脆弱。

6. 两把铁耙

重量和压力经常被混淆不清。其实,两者不尽相同,有些物体虽然很重,但对支撑的地方只有微小的压力。

相反,有些物体重量并不大,但对支撑的地方会产生极大的压力。

我还是举出实际的例子说明,好让读者明白重量和压力的差异。届时你就会明白,应该如何计算才会获得物体所承受的压力大小,以及它的重要性。

假定你身在农场,使用两个构造相同的铁耙作为农耕工具。一把铁耙有 20 个耙齿,一把铁耙有 60 个耙齿,有 20 个耙齿的重 60 千克,有 60 个耙齿的重 120 千克。

哪一把铁耙能够深耕土壤呢?

这个问题很简单,只要耙齿所产生的力量愈大,当然耕种得也就愈深。其中一把铁耙重 60 千克,全部的重量分散在 20 个耙齿上,那么每一个耙齿承受的重量为 3 千克($60 \div 20 = 3$)。以同样的方式计算,另一把铁耙的耙齿所承受的重量则仅有 2 千克。

因此,虽然每个耙齿承受 2 千克的铁耙的全部重量比前一个铁耙的大,但是耙齿所耕种的土壤深度比前一把铁耙浅,因为就每个耙齿作用的压力而言,第一把铁耙比第二把铁耙更大。

7. 酱菜

我们再来看另一个简单的压力计算。

在两个木桶中装入酱菜,上面放上圆板,再在圆板上压上很重的石头。一个木桶的圆板直径为 24 厘米,石头重 10 千克,另一木桶的圆板直径为 32 厘米,石头重 16 千克。

读者们猜一猜,哪一个木桶中酱菜所承受的压力比较大呢?

先看每平方厘米面积承受的压力,如果压力较大,荷重也就较大。第一个木桶 10 千克的荷重分散在 452 平方厘米($12 \times 12 \times 3.14$)的面积上,那么,每平方厘米所承受的压力约有 0.22 牛($10 \times 9.8 \div 452$),至于第二个木桶的压力,则还不到 0.2 牛(16×9.8÷840)。

8. 比哥伦布做得更好

"……哥伦布(Christopher Columbus)是个伟人,他不但发现了美洲大陆,而且能使鸡蛋竖立……"——这是一个中学生的作文。对年少的中学生而言,这两件事情确实令他们惊叹,但是美国的幽默大师马克·吐温(1835—1910)却认为,哥伦布发现新大陆一事,根本不值得大惊小怪。"如果哥伦布没有发现新大陆,反倒令人惊骇……"这便是马克·吐温的论调。

在我个人看来,这位伟大的航海家能使鸡蛋竖立才更不值得惊讶。哥伦布究竟是怎样使鸡蛋竖立的呢? 他是打破鸡蛋一端的蛋壳才让鸡蛋站在桌子上的,也就是说,他改变了鸡蛋的外形才使鸡蛋竖立在桌子上。如果不改变鸡蛋的外形,能不能使鸡蛋竖立呢? 事实上,这位勇敢的航海家并没有解决这个问题。美洲大陆并不是眼睛难得见到的小海岛,所以我认为发现新大陆很容易。现在,我还是来说明使鸡蛋竖立的三种方法——第一种是用水煮蛋,第二种是利用生蛋,第三种则采取其他方法。

要让水煮蛋竖立,只需用手指或手掌使熟蛋像陀螺一样旋转就可以了,蛋会以直立的状态开始转动。只要蛋保持旋转,就必定维持着直立的状态。

至于生蛋,就不能用这种方法了。由于生蛋无法直立旋转,我们可以利用这种特性,不必打破蛋壳,就能识别出生蛋和熟蛋。因为生蛋的内物质是液体,所以非但不会助蛋壳迅速旋转,反而有抑制旋转的作用。假如想使生蛋直立,你就得动点脑筋了。

首先,将生蛋①猛烈摇动几次,使蛋黄分散到蛋白部分。接着,把鸡蛋较圆的一端放在桌子上,用手轻轻扶住。由于蛋黄比蛋白重,蛋黄会移向下面,集中在下面,使鸡蛋的重心降低,从而使生蛋的稳定性增加。

---

① 若是陈蛋,就不必靠摇动破坏蛋黄,因为这种陈蛋的蛋白本身已是稀薄的液体,所以,只要你把蛋竖起来,蛋黄就会往下跑,使蛋的重心下降,蛋也就自然地竖起了。

只要你慢慢地把手放开,生蛋就可以竖立了。

接下来要说明让鸡蛋竖立的第三种方法。例如图 266 所示,将鸡蛋放在没有瓶塞的瓶口,再准备软木塞和两把刀叉。把刀叉分别插在软木塞的两侧,然后放在鸡蛋顶端,便可获得相当高的稳定性。只要小心做,即使瓶子稍有倾斜,也能维持相当的平衡。但为什么软木塞和鸡蛋都不会掉下来的呢?

请看图 267,把小刀插在铅笔上,铅笔就能在我们的指头上垂直竖立,而不会掉下来。理由和鸡蛋、软木塞不会掉落相同。"由于此种构造的重心在支点下方的缘故。"——老师们可能会这么解释。

图 266

9. 碰撞

两个物体相撞,物理学家称之为"碰撞",碰撞往往在一刹那间发生。如果发生碰撞的物体有弹性,在碰撞的瞬间就会产生各种现象。物理学家把有弹性的碰撞(弹性碰撞)分成三个时期。

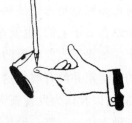

图 267

第一个时期是指碰撞的双方刚接触时,彼此会互相压缩对方。这种互相压缩会造成碰撞最大(指形变最大)的第二个时期来临。

这时,由于受到压缩,内部会产生抗拒,这种抗拒将妨碍更进一步的压缩。换句话说,压缩力会与抗拒力达到平衡。

所谓第三个时期,就是抗拒力要恢复第一个时期的变形部分而把对方推回去。也就是说,撞击了对方的物体自己也会被对方撞击。

实际上,我们经常可以看见这种情形,当一个球和同重量的另一个球相碰时,会遭受到对方反击而被推回来,因此,相撞击后,第一个球就会停止,但被碰撞的球则以第一个球的速度继续滚动。

如果有几个球彼此接触且成一条直线,那么给其一端一个冲力(比如打击)后,会产生什么特别现象,读者不妨详加观察。第一个球所受的打击会接连影响到相邻的球。其实,每一个球都不想离开自己的位置,只有距离受打击的第一个球最远,也就是最末端的球会离开原先的位置。因为当最后一个球想把打击力传递给另一个球时,在它的旁边已经没有球了,也就不会受到任何抗拒力了,所以,只有这个球会跑出去。

这个实验不必非使用圆球,也可以用西洋棋或硬币来做。

图 268

把西洋棋排成一列(排成长长的一列也无妨),且使彼此紧密接触。用手指轻轻压住最前面的棋子,用木棒打击棋子的侧面,你将看到,排在另一端,也就是最后的一个棋子会离开行列,(图 268)但是,排在中间部分的棋子却丝毫不会动。

10. 奇特的破坏

舞台上的魔术师往往利用很简单的技巧来表演魔术,却能让观众们觉得奇妙无比。我举一个实际的例子。

有两个纸环分别挂在细长木棒的两端,一个纸环挂在小刀的刀口,一个纸环挂在容易折断的烟斗上。(如图 269)如果把纸环向上移动,木棒也会跟着上来。准备好之后,魔术师就会拿起另一支木棒,用力打击用

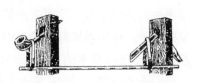

图 269

纸环悬吊着的那支细木棒。结果如何?细木棒会断吗?答案是肯定的,木棒断掉了,但挂在刀口和烟斗上的纸环没断。

这里的机关很简单,没什么奥秘可言。打击得愈快,你用的时间愈

短,纸环和被打击的细木棒两端就愈不容易受到影响,只有直接承受打击的部分,才会受不了打击而变形断裂。因此,这个魔术的诀窍是打击迅速,也就是瞬间性的打击。如果打击缓慢而无力,细木棒就不会折断,而纸环却会断掉。

我这样说明并不是希望读者们去做魔术师,只是希望大家能对这种实验作耐心的研究。

魔术师中的高手也能使用两个玻璃杯来支撑一支木棒,做出使木棒断裂的魔术——当然,玻璃杯不会破。

在较低的桌子边缘或椅子的座位边缘,以很宽的间隔放上两支铅笔,且使铅笔的一部分露出桌外,同时在露出的部分上放一支细长的木棒。用另一支木棒朝细木棒的中央部分做强而快的打击。强而迅速的打击会使细木棒断裂,但铅笔不会受影响,仍纹丝不动。(如图270)

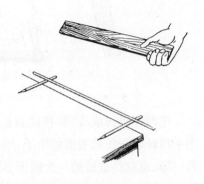

图 270

这时,你就会明白——为什么握力强而施压缓慢时,胡桃果实无法被击碎,但用拳头猛击一下胡桃果实,胡桃反而会被打碎。原因是猛烈的一击使打击力在尚未分散到果实内部的果肉前,我们有弹性的手就已战胜了胡桃的抗拒,而将果实当作坚硬的物体来作用。

同样的道理,枪中射出的子弹会在窗户的玻璃上打出一个小洞,而用手丢出去的小石子反而会使整个玻璃都破碎。此外,还有类似这种现象的例子。你用木棒打击草木的茎,也能使茎断掉。如果你挥动木棒很缓慢,而且压住草木的茎,即使力量再大,茎也不可能折断,顶多使茎折向另一个方向罢了,但是,假如你用力快速地打下去,花草的茎便会随之折断。道理和前面实验的相同,因为动作迅速,打击力才不容易分散到茎的全体,而会集中在与木棒直接接触的狭窄部分,所以打击才会集中在同一个地方,打击也才有效。

11. 木棒如何停止

如图 271 所示,在木棒的两端装上重量相同的球,同时在木棒正中央处开一个小洞,插入一根轴。如果你让木棒以轴(轴水平)为中心旋转,木棒转动几次后会停止?

当木棒停止时,木棒会处于哪一种状态呢? 读者们能告诉我吗?

或许有人认为,木棒会在水平的状态下停止旋转。如果你有这种认识,就大错特错了。无论木棒处于哪一种状态——水平、直立或倾斜,木棒都能保持平衡(图 271),因为这支木棒在其重心点处被支撑着。

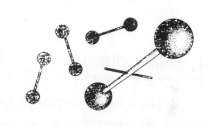

图 271

由于在重心点被支撑着,所以无论处于任何状态,木棒随时都能保持平衡。因此,究竟木棒停止旋转时会处于哪种状态,任何人都无法预料。

12. 针和凿刀

同样的力量作用于针和凿刀上时,为什么针头能刺得比较深呢?

理由是,当你对针施压时,力量会集中在针尖极小的面积上,而凿刀虽然承受相同的压力,力量却分散到比较大的面积上。假定针头的面积为 1 平方毫米,凿刀刀口的面积为 1 平方厘米,两者同样去接触某一个物体。如果同样用 10 牛的压力,凿刀下物体所承受的压力为每平方厘米 10 牛,而针头下物体所承受的压力则为每平方厘米 1000 牛(1 平方毫米 = 0.01 平方厘米)。换句话说,由于针头下的压力比凿刀下的压力大100 倍,所以针头能刺得更深。

这样解释,相信读者们一定已经明白。此外,你用手指压缝衣针时,能产生很大的压力,这种压力比锅炉产生的蒸汽的压力还大。剃刀切削作用的秘密也在这里。对锋利的刀口而言,只要手对剃刀轻轻施加压力,每平方厘米面积上的压力就有 1000 牛,所以就很容易剃断毛发了。

二十五、声 音

1. 回响（回声）

我们发出的声音会被墙壁或各种障碍物弹回来,当声音弹回我们的耳朵时,我们就会听到回声。当声音用较长的时间通过声源和反射点之间的距离时,我们便可清楚地听到回声,否则将会很难辨别回声——譬如在无人的大房间发出的声音。

身处广阔的场所,且在南方 33 米处有一栋农家。你一拍手,声音就会传出 33 米,到达农家的墙壁,再被反射回来,总共需要多少时间呢?声音往返通过 66 米,需时 1/5 秒(音速每秒 340 米,66×340≈1/5),因此在 1/5 秒内,拍手声就会变成回声。这个时间虽然很短,但不至于和发出的声音混淆在一起,因此可以区分且听得清楚。

在 1/5 秒的时间内,我们往往可以讲一个音节,所以距离障碍物 33 米时,我们可听清楚每一个音节的回声,但是超过一个音节时,所发出的声音就会与回声混淆,而无法听得清楚。

要听两个音节的回声时,应距障碍物多远呢? 由于要发出两音节的声音需 2/5 秒,因此距障碍物的距离必须能使声音在 2/5 秒中往返,这样才可能有回声。声音在 2/5 秒能通过 136 米(340×2/5),这距离的一半是 68 米,是形成两个音节的回声的最小距离,也就是和障碍物的最小距离。

相信聪明的读者已经知道,想听到三个音节的回声时的与障碍物的距离至少要有 100 米。

2. 贝壳中的潮声

把碗或大贝壳靠在耳朵旁边,为什么会产生噪音呢?

碗或大贝壳靠在耳边时,之所以会听到噪音,是因为碗或贝壳具有共鸣器的功能。由于周围的声音很大,因此我们通常不会听到这种弱小的声音。各种声音混合在一起,便令人联想到海潮的声音。古人不究其理,以为贝壳中具有某种古怪的声音,因而产生了种种传说。

3. 声音的传播

声音在空气中,约需 3 秒可通过 1 千米。声音不但能在空中传播,也能透过其他的气体、液体或固体传播。在水中,声音的传播速度比空气中的快 4 倍,因此,在水中,各种噪音都听得很清楚。在水底潜水箱中工作的人能听见岸边的各种声音的原因就在于此。渔夫会告诉你,水中的鱼对岸边的小声音很敏感,所以会敏捷地逃走。

声音在坚硬的弹性体,例如:铸铁、木材、骨头等中传播得更快。用细长木棒的一端压着耳朵,叫朋友在另一端敲打,你就会听到清晰的打击声。这时,如果周围十分安静,你也能听到其他各种杂音,只要你将手表放在木棒末端,你一样可听见钟表的滴答声。

声音通过铁轨、铁棒、铁管或土壤也传播得很快。如果你将耳朵贴在地表,你很快就会听见马奔跑过来的声音,甚至比在空气中听得更快。对于大炮的射击声,也可采取同样的方法迅速听见。

对于有弹性的固体,声音的传播更迅速。如果是柔软的纺织品或脆弱而非弹性的物质,声音的传播情形就很糟糕,因为这些物质会吸收声音。如果你怕声音传到隔壁,在墙上挂上厚厚的窗帘就可以避免了。其他如地毯、衣服或柔软的家具等,也都具有相同的隔音作用。

4. 钟声

骨头也可以迅速传播声音,对于这一点,前面已经说过。声音通过

骨头而到达听觉神经,听起来十分大,相信大家都知道。我们可做一个实验:

在一根细长的绳子的中央绑上金属汤匙,且使绳子也同样绑在汤匙中央。接着,将绳子的两端分别放在左右两耳上,为了不受外界杂音的干扰,你可用绳端紧紧压住耳朵。最后,让汤匙去碰某种坚硬的东西,你就能听见,在你的附近有残存的钟声。(如图272)如果不用汤匙,而改用更重的东西,这个实验会做得更理想。

图 272